パブリック

ライフ学

入 門

パブリック
ライフ学
入門

ヤン・ゲール
ビアギッテ・スヴァア

鈴木俊治、高松誠治、武田重昭、中島直人訳

鹿島出版会

HOW TO STUDY PUBLIC LIFE
by Jan Gehl and Birgitte Svarre
© 2013 Jan Gehl and Birgitte Svarre
Japanese translation rights arranged
with Jan Gehl and Birgitte Svarre
Through Tuttle-Mori Agency, Inc., Tokyo

目次	序文（ジョージ・ファーガソン）	007
	まえがき	008

1 ｜ パブリックスペースとパブリックライフ―それらの相互作用　　010

2 ｜ 誰が？何を？どこで？　　018

3 ｜ カウント、マッピング、トラッキング、その他のツール　　030

4 ｜ パブリックライフ研究の系譜　　046

5 ｜ 先人たちの手法から学ぶ：リサーチノート　　090

6 ｜ パブリックライフスタディ実践編　　132

7 ｜ パブリックライフスタディと都市政策　　158

注釈　　172

参考文献　　184

訳者解題　　190

序文

ヤン・ゲールは、パブリックライフ研究に生涯を捧げてきましたが、私が彼の存在を知ったのは1960年代、建築学生のころでした。人間のためにふさわしい都市をつくること、それがゲールのめざすものです。彼は、ビアギッテ・スヴァァら同僚とともに文章を書き、自治体やディベロッパー、NGO、政府などに対して助言をしてきました。

この本は、実地の裏側に迫り、パブリックライフ調査の道具箱のなかからさまざまな手法を紹介するものです。それらの活用方法を的確に理解することは、都市計画をはじめ都市生活の質に関わるすべての人たちにとって重要なものです。

都市への人口流入が進むにつれて、地方自治と国政の両方にとって都市生活の質が重要な政策課題となっています。都市は、環境や気象の問題、人口の集中やバランスの変化、社会・福祉的な問題など、喫緊の課題の現場となっています。

都市は、居住者や投資を呼び込むため競い合います。しかしその競争は、ビルの高さや空間の広さ、壮大なモニュメントなどに代表される表層的な側面ではなく、そこで住む、働く、そこを訪れるときの経験、暮らしの質に焦点を当てるべきではないでしょうか?

この魅力的な本は、メルボルン、コペンハーゲン、ニューヨークなど、事例として登場する都市の質が実際に変化したことを示しました。それは、人間の行動を理解し、パブリックライフを体系的に調査し、ドキュメント化することを通じてもたらされたのです。

使えるツールのひとつとしてパブリックライフ調査を用いることによって、大きな変化が起きました。5年前を振り返れば、タイムズ・スクウェアが自動車ではなく人間のための空間に変わるなどということを、誰も想像しなかったでしょう。それを非常によいかたちで実現させることに、パブリックライフ調査が重要な役割を果たしたのです。

「視て、学ぶ」ことが、この本の基礎をなすモットーです。街に出て、それがどのように機能しているのか、コモン・センスを駆使し、感覚を研ぎ澄まし、そして21世紀の街はどうあるべきか、あなた自身に問いかけてください。街の営みは複雑です。しかし、シンプルなツールと体系的な調査によって、理解可能なものにもなりうるのです。

街の機能の現状を明快に理解できれば、あるいは単に個々の建物ではなくパブリックライフに着目することができれば、最優先で取り組むべき課題への向き合い方もはっきりするでしょう。つまり、パブリックライフ調査は、変革のための政治的ツールにもなりうるということです。

パブリックライフ調査は、都市の計画や建設という終わることのないものに対する分野横断的なアプローチの好例であり、つねに人間を中心に考えながら、たしかめ、学び、修正するプロセスを必要とするものです。よいアーバニズムに欠かせない要素であると言えるでしょう。

ジョージ・ファーガソン
英国勲章CBE、王立英国建築家協会元会長
英国・ブリストル市長

左│1990年ごろの渋谷駅

まえがき

　パブリックライフ調査、それは簡単なものです。その基本は、調査員が歩き回りながら注意深く観察するということです。観察がカギであり、その手段はシンプルで安価なものです。時と場合に応じて観察方法を少し工夫することによって、パブリックライフとパブリックスペースの相互作用に関する興味深い情報を得ることができるでしょう。

　この本は、パブリックライフとパブリックスペースの相互作用、その調査の方法に関するものです。この類の体系的な調査が真剣に議論され始めたのは1960年代のことでした。都市の「ライフ」の大切さを忘れてしまっていた当時の都市計画に対して、世界各地の研究者やジャーナリストが批判をはじめたのです。交通工学者は自動車交通に集中し、ランドスケープ・アーキテクトはもっぱら公園や緑地を扱っていました。また、建築家は建物を設計し、都市計画家は広域計画を描いていました。デザインや構造は大きな注目を集めますが、パブリックライフや、その空間との相互作用については無視されていました。なぜか？　それが必要ないからでしょうか？　人間は本当に機械のような住居や都市を欲しているのでしょうか？いいえ、違うでしょう。活気のない新興住宅地への批判は、専門家によるものだけではありませんでした。軽やかで高層で便利なことを特徴とする近代的な新興住宅エリアは、一般の市民からも強く批判されるようになりました。

　この本が扱うパブリックライフ調査という分野は、都市環境における人間のふるまいについての知識を、建設技術や交通システムなどと同レベルの重要性で議論しようとする試みです。その目標は原点から現在に至るまで一貫しています。それは、パブリックライフの捉え方が都市計画の重要な尺度のひとつであるということです。

　複雑な交通システムと比べると、ともすればパブリックライフの概念は陳腐なものに見えるかもしれません。しかし実際には、パブリックライフを再興することは、まったく簡単になせる業ではありません。都市におけるパブリックライフは、圧縮されすぎてほとんど無に等しいものになっていることもあります。また財政難などにより十分な歩行や自転車のための環境をつくることができず、見捨てられた歩行者の姿が見られます。

　パブリックライフ問題を解決するには、政治的な意思やリーダーシップが不可欠です。パブリックライフ調査は、もっと人間にやさしい都市をつくることを目標として都市空間を改善する、重要なツールとなるでしょう。都市地域の計画や、街路や広場・公園など個別の設計において、調査結果を意思決定のためのインプットとして使うことができるのです。

　ライフは予想不可能で、複雑で、はかないものです。それをどうやって、計画の対象にすることができるのでしょうか？　もちろん、パブリックライフとパブリックスペースの相互作用を詳細に事前設計することは不可能です。しかし、的を絞った調査によって、どうすればうまくいくか、どうすれば失敗するかということの基本的な理解は可能で、それにより適切な解決案を提案できるのです。

　この本は、パブリックライフとパブリックスペースの相互作用を解明するための、50年にわたるヤン・ゲールの仕事の集大成とも言えるものです。彼は、コペンハーゲンのデンマーク王立芸術アカデミー・建築学部の研究者・教育者として、また共同設立者であるゲール・アーキテクツの実務家として、この分野における問題意識を

磨いてきました。したがって、この本の事例の多くはヤン・ゲールの仕事からもたらされています。共著者のビアギッテ・スヴァアは、デンマーク王立芸術アカデミー・建築学部、パブリックスペース研究センターで研究指導を受けました。このセンターは、ヤン・ゲールの主導により2003年に設立されたものです。ビアギッテ・スヴァアは、現代文化と文化コミュニケーションの分野で修士号を取得した後、分野横断的な活動を続けています。分野横断的であることはパブリックライフ調査の特徴でもあります。

この本を通じて私たちが果たしたいことはふたつあります。まず、都市計画や建設のあらゆる段階においてパブリックライフを真剣に捉えるよう促すこと、また、いかに簡単に安価にパブリックライフの調査ができるかを具体的な事例とともに示し、ツールとアイデアを提供することです。

読者が、もっと知識を得て、都市生活環境に関してよい仕事ができるようになるため、まず街へ出て都市のライフとスペースの相互作用を観察すること、それが私たちの願いです。この本は、結果ではなくツールとプロセスに焦点を当てています。この文脈から、これらのツール（あるいは手法と呼んでも良いでしょう）は、都市のライフとスペースの相互作用を理解するための多種の方法である以外の何物でもありません。それはアイデアとしての提示でもあり、さらなる開発への挑戦や地域の状況に合わせた微修正などが求められるのです。

最初の章は、パブリックライフ調査についての一般的なイントロダクションです。2章では、この研究分野におけるいくつかの基本的な問いかけを示します。3章では、パブリックライフとパブリックスペースの相互作用の調査に用いるツールを概観します。4章では、パブリックライフ調査を取り巻く歴史の流れや学術的な背景を整理します。主要な人物や貫くテーマによって、この分野を体系づけます。5章では、さまざまな観点からのパブリックライフ調査研究の最前線とも言えるレポートを示します。ここでは初期の調査を強調しています。なぜなら、調査手法の例示は、その活用のための熟考やさらなる進化のためだからです。6章は、ヤン・ゲールおよびゲール・アーキテクツによる実践の事例集です。これらに用いられる手法は60年代から続いており、大都市から中小規模まで、世界各地東西南北のあらゆる場所でのプロジェクトが含まれます。つまり、これまでの多くの蓄積から、確固たる知見を導くことができるのです。7章では、コペンハーゲンにおいてパブリックライフ調査が政治的なツールとして活用された経緯について詳述します。結論として、パブリックライフ調査を研究と実務の両面から歴史的、社会的、学術的なパースペクティブで捉えるものになっています。

この本は、ふたりの著者の共同作業によるものですが、他の仲間の協力なしでは実現しなかったでしょう。レイアウトとグラフィックの責任者カミラ・リヒタフリス・ファン・デルスのほか、アニ・マタン、クレスチェーネ・スコーロプ、エミ・ラウラ・ペレス・フィヤランド、ヨハン・ストウストロプ、ヤネ・ビャステズらによる意欲的で適切なインプットや助力に感謝します。そして、あらためて英語版の翻訳者カーアン・スティーンハートと仕事ができてたいへんよかったと感じています。

ゲール・アーキテクツには、よいオフィス空間、作業支援、刺激的な環境に対して心から感謝します。とくに、事務所の多くの同僚たち、パートナー、他の友人たちには、写真撮影や議論相手としてたいへんありがたく思っています。また、ラース・ゲムスー、丁寧に草稿を確認いただいたトム・ニルスン、アイランド・プレスのヘイザー・ボイヤーをはじめとする皆さん、そしてデンマークの出版社ボウヴェァゲズにも感謝します。

最後に、この出版プロジェクトのきっかけと資金支援をいただいたリアルダニア協会にも感謝いたします。

ヤン・ゲール、ビアギッテ・スヴァア
コペンハーゲン　2013年5月

1 | パブリックスペースと パブリックライフ ——それらの相互作用

人の行動を予測することは、明日の天気を当てるのと同様に難しいものです。ただ、天気に関しては、気象学者の努力によってかなり正確かつ広範な予報ができるようになっています。本書で扱う手法も、つねに変動する現象を理解しようとするものですが、その対象となるのは「人が都市空間でどのようにふるまうか」ということです。ただし天気予報がかならず当たるわけでないように、ある人が空間をどのように使うかを確実に言い当てるのは不可能でしょう。気象学者がもつ知識と同じように、長年にわたって蓄積されてきた「人と都市空間との関係」のデータが、人びとの行動特性についての知見を私たちに与え、ある条件下における概ねの状況予測を可能にするのです。

本書は、過去50年間に開発されたパブリックスペースとパブリックライフの調査手法を紹介するものです。これらの技術を用いれば、都市空間の利用実態について、より深く理解することができ、ひいては空間をよりよく機能的に変えられるでしょう。このとき分析手法のカギとなるもの、それが「観察」です。

これまでの都市計画は、抽象的なコンセプトや、大規模施設、交通問題、その他の諸課題に支配され、「人」の存在が見すごされていました。そのため人びとのアクティビティを観察するためのツールは、ほとんどゼロから開発しなければなりませんでした。

パブリックスペースとパブリックライフ
――それらの良好な関係

よくデザインされた場所では、パブリックスペースとパブリックライフによい相互作用が生まれます。しかし実際には、建築家や都市計画家が「空間」自体を扱う一方で、コインの裏側である「人」が忘れられていることが多いのです。おそらくその理由は、形態や空間について考え、説明することが比較的容易なのに対して、パブリックライフはつねに移り変わり、捉えるのが難しいという点にあるでしょう。

屋外でのパブリックライフの様態は、1日、あるいは、1週間、1ヵ月、1年の間に、絶え間なく変化します。また、パブリックスペースが使われるか使われないかを決定づける要素は、空間のデザイン、利用者の性別、年齢、財政状況、文化など多岐にわたります。このことから、パブリックライフの多様性をふまえて建造物や空間の設計・計画をすることの難しさを憂い、あきらめるのは簡単です。しかし世界中の都市において、毎日、パブリックスペースを行き来している数十億人の人のために、価値ある生活環境を提供しようとするならば、この問題を考えることは避けられないのです。

このような文脈から「パブリックスペース」とは、街路、小路、建物、広場、ボラードなど、人為的な環境を構成するすべてのものであると理解できます。また、「パブリックライフ」も広義に捉えるべきであり、学校の行き帰りやバルコニーで、座る、立つ、歩く、自転車に乗るなど、建物の間で起き得るあらゆる活動のことです。私たちが外に出て目にすることができるすべての出来事のことです。決して、大道芸やオープンカフェにかぎった話ではありません。ただし、ライフとはいっても街の精神的な健康状態を扱うようなものではなく、パブリックスペースで展開される複雑かつ多目的な現象、動向に関することです。それはコペンハーゲンであれ、ダッカであれ、メキシコシティであれ、また西オーストラリアの小さな街であれ、どの街を例示したとしても違いはありません。その外観の奥に潜む空間と活動の相互作用の話なのです。

欠けているツール

1960年代初頭、都市拡大にともない記録的な数で建造された新規開発地区について、非常に大きな欠陥を持っていることが指摘され始めました。ただ、いったい何が欠けているのか、その本質が何かを明快に定義することはできませんでした。そこで、単にベッドタウン問題とか、文化的貧困化とかという抽象的な説明がなされていました。しかし元凶は、モータリゼーションや大規

模開発、極度の合理化・専門分化によって、建物の間のアクティビティが見すごされていたという問題だったのです。その時代の批評家としては、ニューヨークのジェイン・ジェイコブズ（Jane Jacobs）やウィリアム・H・ホワイト（William H. Whyte）、バークレーのクリストファー・アレグザンダー（Christopher Alexander）、そして本書の著者のひとりであるヤン・ゲールを挙げることができます。

パブリックライフとパブリックスペースは、歴史的には一体的なものとして認識されていました。中世都市が需要に応じて少しずつ段階的に成長したのに対して、モダニズムの大規模な計画は急速に展開しました。

都市は、永年にわたる人間の知覚やスケール感、経験に根差して、何百年もかけて徐々に成長したものです。とくに中世までの都市は、人と空間とのよい相互作用を生むような、経験にもとづく建築様式を踏襲しながら有機的に成長しました。しかしその知識は、工業化と近代化の過程のどこかで失われてしまい、大事な、しかし現在軽視されている、歩く人のためという部分について、機能不全の都市環境を生んでしまいました。もちろん中世以後、社会背景は大きく変化しており、今かつての都市の姿を再現することでは根本的な問題解決につながらないでしょう。現代的なツールを開発し、もう一度、都市における人と空間との関係を再結合させることが求められています。

分野としての変遷

1960年代の環境デザインの先駆者たちは、一見捉えどころのないパブリックライフの意味や、パブリックスペースや建築物との関係について、よりよく理解するための第一歩を踏み出しました。彼らが行ったのは、既存の、とくに工業化以前の都市やパブリックスペースの調査を行い、人びとがどのように空間を使い、動き回るかの知識を得ることでした。

1960年から1980年代半ばに出版された数冊の本は、いまだに、パブリックライフ調査の参考書とされています[1]。そこで解説された手法は後に改善され、新たな課題や技術も生まれましたが、基本原理や手法の多くはこの時期につくられたといえます。1980年代半ばまで、この作業はおもに研究機関で行われました。しかし、80年代の終わりごろには、パブリックライフについての調査手法や理論は、都市計画の実践で直接使えるようなものでなければいけないと考えられるようになりました。

このころ、都市計画家や政治家は、都市間競争を勝ち抜くために、人びとのための都市環境の質を向上させることに意欲を見せ始めました。居住者や観光客をひきつけ、投資や知識社会の雇用を呼び寄せるための戦略的な目標として、魅力的な都市をつくることが位置づけられるようになりました。この目標の実現のためには、都市内での人びとのふるまいやニーズを理解する必要があったのです。

2000年ごろから、都市のパブリックライフを考えることが重要だということが、建築や都市計画の実務のなかで、徐々に当たり前のことと考えられるようになりました。都市の賑わいは、そう簡単に創出できないことが、苦い経験とともに明白となっていました。それは、とりわけ経済的に発展している都市で顕著に現れました。仕事や些細な商売や雑務に追われ、通勤者以外の「人」の姿がストリートから消えてしまったのです。

もっとも、経済的に活気のある都市以外も影響を受けました。急速に増加した自動車交通や、それにともなうインフラ整備によって、歩行者にとっての障害物が増え、騒音や大気汚染が日々の生活に影響を与えました。問題の核心は、都市における大量の活動を、限られたパブリックスペースの範囲内で、衝突を避けてなんとか機能させることで精一杯だったのです。

都市における調査

本書で紹介するパブリックライフ調査のおもな方法は現地で観察を行うことです。その空間に居る人に対して直接質問するなどの接触は行いません。それらの人びとは、ただ「観察される」のであり、その行動やふるまいが地図上に記録されるのです。これは、利用者のニーズや都市空間の利用状況をよりよく理解することを目的とするものです。この調査によって、「よく使われる空間がある一方で、あまり使われない空間もある」という事実を立証することができます。

パブリックスペースにおける人びとの行動を調査することは、他の生命活動の観察と比較することができます。動物でも細胞でも、全部で何人（何匹、何個）いるか、さまざまな条件下でどれだけ速く移動するか、どのようにふるまうのか、体系的な調査によって初めて明らかになる事実があります。人びとの行動が、記録され、分析され、解釈されるのは、もちろん顕微鏡のなかの作業ではありません。観察者の肉眼で観察され、ときにはカメラなどの道具を使って、状況を注視したり瞬間を急速冷凍するようにしたりして、くわしく分析します。観察者の「眼」を研ぎ澄ますことが大切なのです。

フランス人作家、ジョルジュ・ペレック（Georges Perec, 1936-82）は、日常的な「ライフ」のなかにある美を描写しています[2]。著書『さまざまな空間』（原題：*Species of Spaces and Other Pieces*, 1974）のなかで、

現実の都市で実例を観察してください。
そのとき、見ると同時に耳を澄まし、佇み、
見たものについて考えるとよいでしょう。[3]
——ジェイン・ジェイコブズ

都市のなかで見すごされているものの見方を指南しています[4]。彼は、見たものをときどきメモしておくこと、できればそれを体系的に行うことを勧めています。

ペレックによると、もし何も見つけることができなければ、それはあなたが観察の方法を学んでいないからかもしれません。「もっとゆっくり、ばかばかしいくらい、ゆっくりと。あまり興味深くないこと、陳腐なこと、普通のこと、地味なものも書き記すよう努めなさい」[5]。都市の諸活動は、一見陳腐で、はかないもののように思えます。だからこそペレックのいうように、観察者はよく見て、時間をかけて、パブリックスペースで展開される「普通さ」を見つめなければならないのです。

ジェイン・ジェイコブズは、『アメリカ大都市の死と生』(The Death and Life of Great American Cities)のまえがきで、彼女なりのパブリックライフについての描写をしています。これはおもに、彼女の居住地であるマンハッタンのグリニッジ・ヴィレッジで集められた情報をもとにしています。「この本で例示されているシーンは、すべて私たちに関係するものです。ぜひ、現実の都市で実例を観察してください。そのとき、見ると同時に耳を澄まし、佇み、見たものについて考えるとよいでしょう」[6]。

ジェイコブズによると、都市のなかでは知覚しているものを熟考するために時間をかけなければいけません。またその際に、すべての知覚器官を使うことが大切です。もちろん視覚による観察が中心になりますが、他の感覚器を閉じてはいけません。焦点を絞って、私たちが日々無意識に通りすぎているような周辺環境に気づこうとする姿勢が大切なのです。

マクミラン・オンライン辞典によると、observeという言葉の意味は、「何かを発見するために注意・注目して、誰か・何かを、見たり調査したりすること」とされています[7]。そして、注意・注目して見たり調査したりするということが、まさに平凡なシーンから有用な知見を得るための鍵なのです。都市での「ライフ」を観察しようとする人が真っ先に気づくことは、パブリックスペースの複雑で入り乱れたもののなかから有用な知見を得るためには、体系的に進めることが重要だということでしょう。観察される人は、ただ単に使い走りをしているだけかもしれませんが、その途中で道を歩く人を眺めたり、デモ行進に目を奪われたりもするでしょう。これら全体を見つめることによって、すべてが興味深い現象になるのです。

一般的に観察者は、いわゆる「壁のハエ」のようにニュートラルであるべきです。主役ではなく脇役に徹し、見えない非参加者として出来事には加わらずに全体像を捉えなければなりません。調査の種類によって、観察者はさまざまな役割を持つことになります。役割とは、まず正確さが求められるカウントの記録係があります。記録

者は同時に、人びとの年齢層などを判断し、分類する役割も果たします。ここでは評価者としての能力が求められます。ときに、記録者には分析的な視点が求められることもあります。どのようなタイプの情報が求められているかについて、熟練した見識や経験的な勘や感覚を使って判断しながら、詳細な観察日記をつけることもあるのです。

観察者としての眼は鍛えることが可能です。当然ながらプロの眼と素人の眼には違いがありますが、原則的に誰でも都市の「ライフ」の観察者となりえます。熟練したプロの観察者は一目で新たな情報を捉えることができますが、初心者はスキルを磨き、新たな眼で世界を見て、ツールを慎重に使うことが求められます。ただし観察者の形態的な側面に対する理解については、人によって大きな差があります。調査結果の考察や説明が求められる際には、空間デザインの素養を持つ観察者でなければなりません。

人か、機械か

都市と人の営みについての調査の先駆者であるジェイン・ジェイコブズ、ウィリアム・H・ホワイト、そしてヤン・ゲールは、モダニズムの抽象的なプランニングに抵抗するために、彼ら自身の眼で人の営みと空間との相互作用を見てきました。なぜなら、それが多くの知見を得る方法であるからです。私たちは、紙とペンを持って外へ出て、個人の感覚、共有の感覚を発揮して観察するという方法が、都市を観察するうえでの重要な出発点であると信じています。だからこそ、この手作業の方法を強調するのです。

観察者が手作業で調査するということは、よくも悪くも主観的であるということです。ときには、監視ビデオやGPS（全地球測位システム）追跡装置を用いた客観的な手法が求められる場面もあるでしょう。手法は、どれだけの正確さが求められるかと、どのような知見を得たいかに応じて決定されなければなりません。重要な相違点は、手作業による調査は、冷たい事実以上の何かに光を当てることができることです。例えば、カウント調査を行っているとき、観察者は、場所についての情報を記録することができ、その情報が考察の際に決定的な影響を持つ可能性があります。観察者は、しばしば彼らの知覚や常識によって、思いがけない副産物を持ち帰るのです。こんな例があります。ある自転車道に、自動カウント機が設置されていました。ある日、自動カウント機は、ほとんどゼロに近い台数を示していました。カウンターのそばに大型車が駐車されていて自転車がう回していたというのが真相でしたが、手作業の記録者であればそのことを報告できます。それだけでなく、自転車の数もきちんとカウントできているし、状況の記述や写真撮影さえもできます。自動カウンターでは、ただ少ない台数を記録することしかできません。

倫理面についての配慮

人の行動についてのデータを得る際は、倫理面での配慮が必要な部分について慎重な判断が求められます。多くの場合、データは匿名化する必要がありますが、この問題についての法制度は国によって異なります。

観察・調査は、写真を用いた説明とともに示されることが多いものです。デンマークでは、誰でも自由に立ち入れる場所での写真撮影は合法となっています。言い換えれば、他人の私有地には許可なく立ち入ってはいけませんが、自宅の前庭に立っている誰かの写真を撮ることは、その人が公共の街路空間から肉眼で見える状況であれば合法ということです。このルールにはふたつの目的があります。ひとつはプライバシーの侵害から個人を守ること、もうひとつはジャーナリストなどが情報を集めることの自由を保護することです[8]。

コペンハーゲンの主たる歩行者街路であるストロイエの連続写真は、ジェイン・ジェイコブズの言うところの「歩道上のバレエ」の好例である[9]。このバレエは、まるで公共空間でのダンスのように短いシーンの連続として現れる。右の例は、コペンハーゲン中心部にあるベンチを取り巻くささやかなバレエを示す。ベンチの微妙な使われ方を示したこの調査は、ヤン・ゲール、"People on Foot"、(1968)に掲載されたものである[10]。

写真下の連続するセリフは、ヤン・ゲールおよび、1968年にコペンハーゲンで最初の大規模なパブリックライフ調査を行ったチームの一員であったマーク・フォン・ヴォトケによってデンマーク語で書かれたものである。

ベンチがどのように使われるか？

Jan Gehl, "People on Foot", *Arkitekten*, no.20, 1968[11]-Mark Von Vodtke

ベンチがあります。

A+B「よし、座ろう」

A+B「……煙草でも吸おうか」（後ろの男性はまだ待っている）

C「ベンチの端が空いているぞ。そこに陣取ろう」

A+B「さあ、行こうか」

C「これはいい場所だぞ」

C「ペンキまみれの見習い職人たちが来た。私は十分休んだ」

D+E「おお、あの娘見たか？」

ベンチが空いています。

F「あ、ベンチが空いているぞ。赤いのは残ってないかなあ」

G「いい休憩所があるぞ。こっちの端に座ろうか。おや、なんだこの白いのは？　乾いてないペンキがついているじゃないか。座るのはやめておこう」

F「彼は座りたくなかったようだな。私はひとりでもさびしくないさ」（後ろの小さい坊やは、まだお利口に乳母車のなかで待っている）

2 | 誰が？ 何を？ どこで？

max 7.5m

さあ、パブリックスペースの形態とパブリックライフとの複雑な相互作用について調べましょう。わかりやすく役に立つ知識を得るためには、論点を体系的に整理し、多様な活動や人の属性をカテゴリー分けして理解する必要があります。この章ではいくつかの一般的な論点〈何人？ 誰が？ どこで？ 何を？ どれだけの時間？〉について述べます。さまざまな条件下において、各項目がどのように調査されるかの事例を示します。

形態と活動の相互作用についての論点は無限に存在します。次頁以降に項目として挙げるものは、そのなかでも最も基本的かつ一般的であり、取り組みやすいものです。人びとがどこに滞留しているのかを調べる際には、通常、どのような人なのか（属性）や、どれぐらい滞留したのか（時間）などが関連項目となります。

あらゆる街や地区の調査に使える汎用的な項目リストを作成することは不可能です。個々の都市は唯一無二であり、観察者は彼らの目を使い、五感や判断力を駆使しなければなりません。最も重要なことは、立地や周辺状況に応じて手法とツールを選び、全体的に見て、いつ、どのように調査を実施するかを決定することです。

一方、いかなる場所や状況においてもいえることは、観察者がいかに集中して特定の集団や活動に目を凝らし、多様な活動・属性・傾向などに注目したとしても、状況は複雑かつ多層的で、容易には把握できないということです。なぜなら、異なるタイプの活動が入り混じっているからで、たとえば娯楽的活動と目的的活動が同時に行われたりします。一連の出来事といえる現象もあり、連続的な変化という表現もできます。このように、空間と活動の相互作用を究明することはきわめて複雑かつ難しいため、なるべく基本的かつ強力な問いかけをくりかえし行うことが有効なのです。

誰が、何を、どこで、などの基本的な問いかけに集中することによって、パブリックスペースにおける活動についてのさまざまな知見が得られ、それを実務における特定の問題解決に活かすことができます。このようなカギとなる問いかけによって、既存の活動パターンについての理解と証拠情報を獲得でき、どのような人がどこに行くのか、あるいは行かないのか、というような具体的な知識を得ることもできます。だからこそ、これらの基本的な問いかけは、一般的な研究目的だけでなく実務においても使うことができるのです。

都市内におけるパブリックライフと物理的な環境との相互作用の観察をはじめると、何の変哲もない街角でも、形態と活動との興味深い関係を見つけることができる。それは世界中どこでも同じである。私たちは、誰が？何を？どこで？という基本的な問いかけをすることによって、観察を体系化することができる。
　左図｜コルドバ（アルゼンチン）の建築家ミゲル・アンヘル・ロカ（Miguel Angel Roca）が、1979-80年に策定した、建築的・社会的な総合都市戦略。[1]

ニュー・ロード（ブライトン）

　何人が歩いていて、何人が滞留しているのか？ブライトンのニュー・ロードでは、改善事業の前後での利用状況の変化を明らかにしました。歩行者優先の街路へと再生された2006年の前後で、歩行者の量は62％増加しました。滞留行為は600％も増えたのです[2]。

　このような、ビフォーアフターの人数計測は、どの程度の改善がなされたのかを評価するものです。ブライトンでは、単に通りすぎる場所から目的的に訪れる場所へと変化を遂げたことを、数字が示しています。このような統計データは、地区の、あるいは都市全体の歩行者環境改善プロジェクトの優先順位づけの議論にも用いることができます。

Before

After

Q1 | 何人？

　「何人？」というカウントを通して、移りゆく都市の営みを定量的に評価することができます。ほとんどすべての自治体には自動車交通の担当者がいて、幹線道路の主要地点における交通量を把握しているのに対して、"歩行者とパブリックライフ"の担当部署というのはほとんど聞いたことがありません。歩行者交通量のカウント調査などについても同様です。

　カウント調査から得られる定量データを用いることによって、プロジェクトの質と意思決定プロセスの議論の質を、相乗効果的に押し上げることができます。明白な客観データが説得力のある議論を支えるという場面も多いのです。

　「何人？」という問いかけから始めることがパブリックライフ調査の基本です。原則として、どんな現象もカウントすることができますが、一般的なものは、「何人が歩いているのか（歩行者交通量）」、「何人がその場に留まっているのか（滞留行動分布）」というものです。

　パブリックライフ調査における「何人？」という問いかけには、いくつかの典型的なパターンがあります。たとえば、都市再生プロジェクトの前後比較で使われるというのがひとつです。従前に何人が広場に滞留しているかを把握すれば、改善後の広場で調査を行うことによって、実施効果を評価することができるのです。もし、より多くの人に広場に滞留してほしいというのが目標であれば、同条件の日に同じ方法で調査すれば、成功か失敗かを即座に示すことができるでしょう。また、異なる時間帯・曜日・季節での比較を行うこともあり、かなり多くの回数の調査を行うのが通常です。

　ここで注意したいのが、この調査が「何人」という数値自体に固執するものではないということです。結果を比較することにこそ意味があるのです。したがって、データを忠実に、かつ比較可能な状態に記録することが求められます。天候や時間帯など、実施時の状況について一貫して正確に記録することによって、後日同条件での調査の実施が可能となります。

Q2 | 誰が？

　私たちはこれまでに、パブリックスペースにおける人びとの行動についての知識を積み重ねてきました。それは、パブリックライフ調査の土台ともいえます。私たちが「人びと」というとき、それはさまざまな観点から見て、かなり幅広い属性を持つ人びとの集合です。またときには特定の「誰」がその場所を使っているのか、限定して捉えることもあります。個人レベルで記録することができる一方で、通常は、性別などの一般的な属性に分けるほうが有意義なことが多いのです。

　さまざまな属性の人びとの行動に関する基本的な知識を得ることによって、たとえば女性や子ども、高齢者、障がい者のニーズにも適応するプランを検討することができます。私たちが、これらの属性を強調するのは、しばしば見すごされがちな属性であるからです[3]。

　性別や年齢層については、観察による記録が用いられます。ここで年齢層については主観的な判断によるため、多少の不正確は許容します。観察による調査で難しい、あるいは不可能な属性もあります。たとえば、職業や経済状態などに関する判別です。

ブライアント・パーク（ニューヨーク）

　ブライアント・パークは、マンハッタンの中心部、タイムズ・スクウェアとグランド・セントラル駅の中間にあります。公園が安全かどうかを知る手がかりのひとつに、十分な数の女性が居るかどうかというものがあります。毎日継続的に、午後1時から6時の間、公園の管理人がカウンターを用いて男性と女性の数を記録しました。同時に天候と気温も記録しました[4]。

　ブライアント・パークでは、理想的な男女比率は、女性52%、男性48%であることがわかりました。これより女性比率が低くなるということは、公園の安全性が低下しているということを意味します。天候も影響を与えますが、何より気温が温かいと女性の数が増えるということを、ブライアント・パークの調査データが示しています[5]。

Q3 | どこで？

　建築家やプランナーは、人びとが「どこ」へ行きたいか、「どこ」に居たいかを考えながらパブリックスペースをデザインしていることでしょう。しかし、動線に沿って芝生が踏みつけられた痕跡をよく見かけるように、設計者の意図どおりに人びとが行動するとはかぎりません。多くの歩行者がスムーズに流れつつ、同時に最高の状態でパブリックスペースが活用されるような状況をつくるためには、人びとが「どこ」を動き、「どこ」に留まるかということについての基本的かつ具体的な知見を持つことが必須なのです。移動と滞留についての調査は、バリアをなくし、狙いを定めて、歩行者動線と滞留空間を最適配置することに役立つのです。

　調査範囲が都市内の囲まれた広場空間であるときには、そこにいる人びとの空間的な分布を調査することが有効です。人びとは空間の周縁部に居るのか、中央か、または均等に分布しているのか？　またそこは公共の空間か、半公共的な場所か、私的な領域なのか？　「どこ」という問いかけに答えるためには、観察者はファニチャーや門柱、入口、ドア、ボラードなどの機能や要素との位置関係に着目して調査する必要があります。

　もし調査範囲が、近隣や地区全体である場合には、人びとや行動が、どこに、どれぐらい集積しているか、拡散しているかを測定することになるでしょう。また都市的なスケールの場合は、さまざまな機能や行動、歩行者分布や滞留行動の地理的な分布を調べることを意味するのです。

コーポロ広場（コペンハーゲン）

　特定の場所の周辺の気象つまり微気象は、人びとがどこに滞留するかに大きな影響を与えることがあります。もし、地点AからBへと歩いている場合には、風や日差し、日影の状況を気にしないとしても、滞留行動に関しては、より高いレベルの気象条件のよさが要求されるでしょう。

　映し出されたグレイ・フライアーズ・スクウェアの春の様子は、ある場所に座るか否かを決めるうえで、微気象が非常に重要であることを示しています。寒冷な北欧では人びとは日なたに居たがるのです。またこの写真は、木々が活動の中心となっていること、何人がベンチに座っているか、人と人の間に保たれた社会的な距離の存在なども示しています。さらには人が人を呼ぶ、ということもよく示している写真です。

　「どこで？」の問いかけは、人びとが、他人や建物や都市空間、また微気象との兼ね合いなどから、自らの身をどこに置こうとするかという問題です。もし、どんよりとした曇りの日に同じ場所で写真を撮れば、それはまったく違う情景となるでしょう。

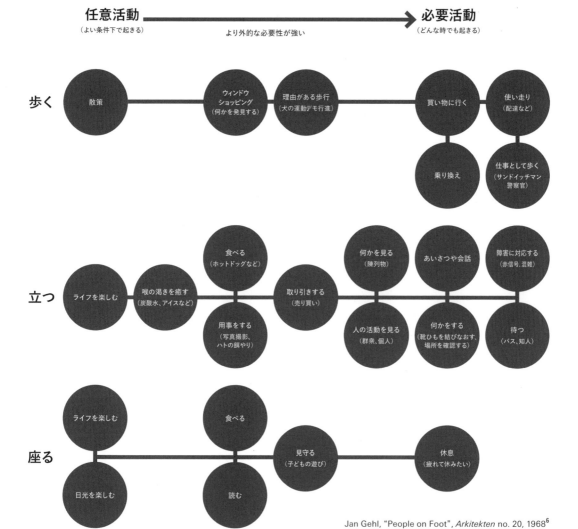

Jan Gehl, "People on Foot", *Arkitekten* no. 20, 1968[6]

必要活動と任意活動

　ここに示す必要活動と任意活動の図は、建築雑誌の*Arkitekten*に1968年に掲載された、ヤン・ゲール、"People on Foot"からの抜粋です。それは、パブリックスペースとパブリックライフの相関関係についての、初めての大規模な調査の一部です。

　ここで示された、人びとの行動についての初期の類型化は、「都市空間における人びとのライフを記述する」という、ヤン・ゲールの取り組みの一部をなすものです。この必要活動と任意活動については、後に、著書*New City Life*（2006）において、時代背景を踏まえて、より一般的な類型群へと再整理されました[7]。

　20世紀には、パブリックスペースにおける必要活動が少なくなってきたといえます。もしこの図が2012年につくられていたら、携帯電話で（歩きながら、立って、座って）話すことや、喫煙（近年、規制が変わったため）、さまざまなタイプのエクササイズなどが含まれていたでしょう。また、場所によってアクティビティのタイプが大きくことなったことでしょう。

Q4 | 何を？

都市空間において「何」が起きているのかをマッピング（地図化）することによって、特有の空間の使われ方のタイプを知ることができます。使われ方には滞留、商業的活動や身体的活動などがあります。また、それぞれの行動が起きやすい空間的な条件についても地図化を通して理解しやすくなります。これは、店舗オーナーにとっての関心事であり、街のデザインという点で都市プランナーにも関係があるものです。また健康で安全な暮らしという一般的、政治的なテーマとも強く結びつくものです。

大まかにいうと、パブリックスペースにおけるおもな活動は、歩く、立つ、座る、遊ぶ、というようなものです。これら以外にも、記録できるアクティビティの種類は無限に存在します。ただ通常は、数個のアクティビティに絞って記録することが有効です。このとき、その場所の機能を効果的に表現するような類型化方法を見つけることが重要なのです。アクティビティは最初に類型を分けずに記録することもできますが、体系的に考えることによって、観察の眼をより鋭くすることができます。

パブリックスペースでのアクティビティは、大きく分けると必要活動と任意活動のふたつのカテゴリーに分けることができます。必要活動は、買い物、バス停への徒歩、および駐車場誘導員・警察官・郵便局員としての仕事などが含まれます。任意活動には散策やジョギング、階段・椅子・ベンチに腰掛けて休憩したり新聞を読んだりすること、または単に歩いたり座ったりしながらそこでの時間を楽しむことなどがあります。ある人にとっては必要活動でも、別の人にとっては任意活動であることも考えられます。

歴史的に見ると、パブリックスペースの利用は、義務的な動機による必要活動がおもだった状況から、より選択的な特性を持つ任意活動へと発展してきたといえるでしょう[8]。

社会活動は、必要活動あるいは任意活動に付随して起きるもので、他者の存在が成立条件となります。他者とは同じ空間にいる人、すれ違う人、他の活動の際に互いの視野に入っている人などすべてです。たとえば子ども同士の遊び、あいさつ、会話などの日常的な活動であり、また単に他者が見えたり声が聴こえたりというような受動的な活動も幅広く含まれます[9]。

社会活動を定義づけ記録することを通して、出会いの場としてのパブリックスペースの機能を支えることが、パブリックライフ調査において最も大切なことです。そこは同じ地区や近隣、都市で暮らす人びとが出会う場所なのです。他者と出会うことは、刺激的で興味深く、また広い意味で個人の社会観、人生観に強く影響を与えるものなのです。

そこで起きている社会活動が、知り合い同士によるものか初めて出会う人たちによるものかを判別することは可能です。知らない人と会話をすることは起こりにくいことであるものの、同じ空間で近くに立ち同じことをともに経験しているときには、知らない人でも突然会話が始まることもありえるでしょう。ウィリアム・H・ホワイトは、triangulation（三角化）という言葉を使って、見知らぬふたりが外的な要因によって会話を始めるシナリオを定義づけました。きっかけはストリート・アーティストかもしれないし、彫刻のような物体かもしれない。あるいは夏に雹が降ったり停電したり、近くで火事が起きるといった特異な状況が、知らないもの同士が話し始めることの刺激となることもあるのです[10]。

日曜の朝、オーストラリア・メルボルンのスワンストン通り

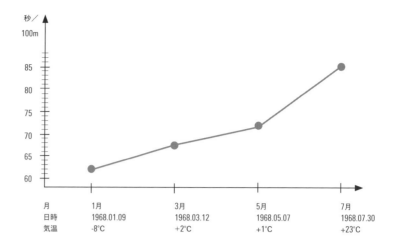

100m区間において無作為に抽出した歩行者が歩くスピード。コペンハーゲンの主たる街路であるストロイエで、1月、3月、5月、7月の4回にわたって調査を行った。

Jan Gehl, "People on Foot", *Arkitekten* no. 20, 1968[11] より。

最速の人：100mを48秒

引率者は最遅のメンバーに合わせる。

最遅の人：100mを137秒

どれだけ速く歩いている？

　前述の1968年の調査では、コペンハーゲンの100mを1区間とする歩行者街路において歩行速度についての4種類の観察を行いました。この街路は全長1.1kmあり、平均12分で歩くことができますが、実際の速度は、天候や年齢、動きやすさ、用件、ひとりなのかグループなのかなどによって変動します。

　歩行者は100mを歩く間追跡され、100mあたりの歩行時間が記録されます。グラフが明解に示すとおり、暖かいときほど人はゆっくり歩くようです。また属性によって歩行速度が異なります。ひとりで歩く男性は速く歩く傾向があり（最速で48秒／100m）、ティーンエイジャーや女性はやや遅いようです。続いてグループの場合は、最も遅いメンバーに合わせる必要があるため遅くなりがちです。最もゆっくり歩いていた歩行者はパトロール中の警察官（137秒／100m）でした[12]。

Q5 | どれだけの時間?

歩行速度や滞在時間は、その場所の空間特性を理解するための情報です。一般に質が高く楽しい場所ではゆっくり歩き、より長く滞在することがわかっています。

空間特性と関係づけて人びとのアクティビティを記録しようとするとき、すぐに多くの難しい問題に直面します。なぜならここでの問いかけは、プロセス(出来事の連鎖)に関係するものであり、つねに変化し続けているものを対象とするからです。ある瞬間は、過去や未来のどの瞬間とも異なります。たとえば、建物の計測をすることなどとはまったく違って、アクティビティの調査には時間が重要なファクターとなるのです。

時間軸は、パブリックスペースの使われ方を理解するために必須の情報であり、「どれだけの時間」という問いがカギとなります。日、週、月の経過という意味だけでなく、ある距離を移動するのに「どれだけの時間」かかったか、ある場所で「どれだけの時間」滞在したか、あるアクティビティが「どれだけの時間」続いたかという点について、これまでにも研究がなされてきました。

またこれらの問いかけへの答は、公共交通を使うために「どれだけの時間」歩いてもよいと考えるかを調べたり、どのアクティビティが全体の活動量に貢献するかを検討したりすることにも役立ちます。

さらに、さまざまなアクティビティが「どれだけの時間」続くかについての知見を得ることは、歩行者の移動空間を確保しながら、人びとにより長く滞留させるような場所を配置する際の参考になります。好ましくない空間構成は、ゆっくりと滞在することを妨げる要因になることもあるのです。

この種の調査によって、特定のアクティビティがどの程度の時間を要するのか、かなり正確に示すこともできます。たとえば、住宅地に路上駐車した車からの歩行時間は通常短いものであり、それより少しだけ長いものが郵便を投函するための時間です。一方で、ガーデニングや子どもの遊びなどは、かなり長時間かかるものです[13]。言うまでもなく、このように短時間と長時間のアクティビティの関係性を定量化することは、新たな洞察へとつながります。また時間の分析は具体のプランニングやデザインへの活用にも適しています。

人びとに長く滞在してもらうための空間づくりは、必ずしも高額の費用がかかるものではありませんが、効果は多大なものとなるでしょう。人びとが長く滞在することによって、場所の評価が大きく高まるからです。その良否とは、そこが活気あり滞在する価値のある場所か、そそくさと立ち去ったほうがいい場所かの違いといえます。

3 | カウント、マッピング、トラッキング、その他のツール

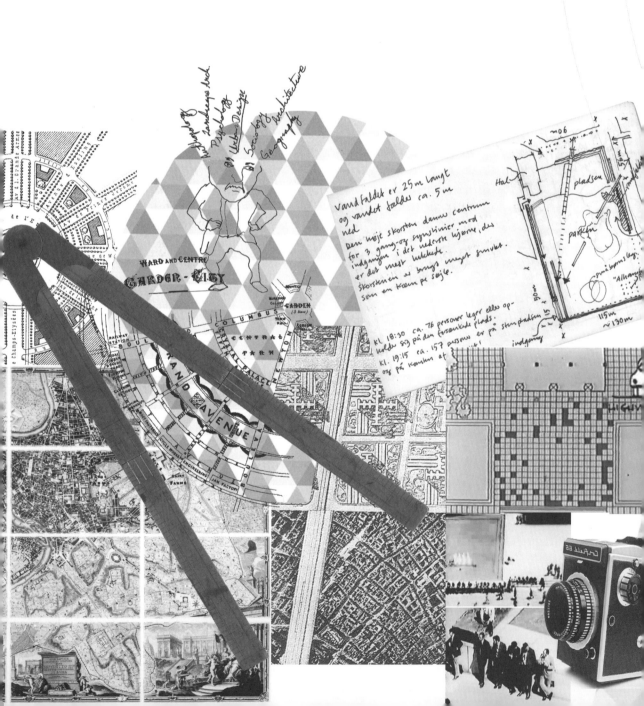

この章では、パブリックスペースとパブリックライフの関係について、実地での観察成果を体系づけたり記録したりするさまざまなツールを紹介します。また、人の移動軌跡の記録や探索のためのカメラなどの装置・技術を用いた間接的な手法についてもいくつか触れます。

どのツールを選ぶかにかかわらず、調査の目的やタイミングを熟考することが大切です。ここではそれらについて簡潔に整理しつつ、主要な記録ツールの紹介を行います。もちろん他にもツールは存在しますが、著者がこれまでの経験上、最も重要であると考えるものを取り上げます。

調査の目的とツールの選択

目的、予算、時間、地区の特性を考慮することによって、その調査で用いられるツールを決定します。政策決定に使うための調査なのか？ あるいは整備効果を評価するための事前事後の簡易比較なのか？ 設計段階における特定の基礎情報を得ようとしているのか？ はたまた長期間、広範囲における情報収集を行う研究プロジェクトか？

ツールの選択は、対象エリアの特性によっても変わります。区切られたパブリックスペースなのか、街路なのか？ 市街地の一角なのか全体なのか？ また、たとえその対象が区切られた範囲であっても、そこの物理的、文化的、風土的な要素を含めて、調査のコンテクストを総体的に考えなければなりません。よって単一のツールだけでは不十分なことが多く、多様な調査を組み合わせて実施する必要があることがほとんどです。

実施日の選択──風や天気

調査の目的や地区の特性に応じて、記録すべき時間帯が決まります。もし夜間に賑わう繁華街であれば、真夜中前後の時間帯が重要になります。住宅地であれば、おそらく夕方までの調査で十分でしょうし、幼児の遊び場での記録は夕方前に終えてもよいでしょう。平日と休日では様子が大きく異なるでしょうし、休暇シーズン前には大きくパターンが変化することが知られています。

晴天時が屋外での活動に好条件であることから、1年のうち晴天の多い季節に調査が行われることが多いでしょう。当然ながら、気象条件には地域特性によって大きな差異がありますが、パブリックスペースの調査に適するかどうかの判断基準は「屋外での活動、とくに滞留行動に最も適した」時期かどうかということです。天候はとりわけ滞留行動の記録に大きな影響を与えます。なぜ

なら、悪天候から晴れに転じたとしても、誰も濡れたベンチに座りたくないし、また雨が降りそうなときに屋外で座る場所を見つけようとしないからです。もし、滞留行動の調査中に条件がふさわしくないと判断される場合には、残りの調査を別の日に延期するのが好ましいでしょう。通常、1日分の調査を半日ずつ2回に分けて記録を行っても問題ありません。

　天候の他にも、調査を妨げる要素があります。スポーツ観戦に向かうファンたちやデモの大集団は、通常のパターンとは著しく異なる動線パターンを示します。

　調査結果は、いつも予測不可能なものであり、何らかの新たな事実をもたらします。予測不可能性こそが都市を「プレイス」にする、つまり私たちが長時間にわたって人を観察するような場所にするのです。また同時に予測不可能性が都市それぞれの独特なリズムを捉えることを難しくしています。したがって観察者個人が十分な経験にもとづき、都市の「ライフ」に関する要素に気づく力が求められるのです。人による調査と自動計測との根本的な違いは、このあたりにありそうです。

人による調査か、自動計測か？

　ここで紹介する手法は基本的に人による調査ですが、概ね自動化できるものでもあります。1960〜80年代にはほとんどの調査は人によるものでしたが、新たな技術によって、遠隔の歩行者交通量や動線の大量のデータが自動で取得できるようになりました。調査に必要な人の数は減りましたが、装置に多額の費用がかかり、データ処理に多くの人手が必要になることもあります。したがって自動化するかの判断は、必要なデータの大きさと予算によって決めるべきでしょう。ただ、多くの装置や技術はあまり一般的でなかったり、いまだ開発段階であったりします。このことからも、自動化の利点・欠点を慎重に判断するべきです。将来的には、自動化された手法がパブリックライフ調査において重要な役割を果たすようになるでしょう。

　もうひとつ指摘したいのは、自動化された調査方法では、得られたデータを慎重に検証しながら進めるため、結局、直接観察する方法よりも時間がかかるだろうということです。

シンプルな調査ツールは非常に安価

　パブリックライフ調査のツールボックスは、実用的な理由から開発されました。都市空間のなかで人に焦点を当てることによって、人のための環境を改善すること、また人のための都市づくりの効果についての評価をしやすくするという狙いがあります。もちろん、実務で活用することができることが重要なポイントです。個々のツールを特定の目的にあわせて仕立てることも可能です。調査の専門家のため以外にも、社会活動や技術開発のためといった目的も考えられます。

　これらの調査ツールは簡単で即座に使うことができ、また非常に低予算での実施が可能です。ほとんどの調査では、紙とペンそれにカウンターやストップウォッチがあれば十分です。つまり専門家でなくても、多額の経費をかけずに調査を実施することができるということです。これらのツールは調査規模の大小にかかわらず同じです。

　すべての調査のカギとなるのは、観察することと、判断力を駆使することです。ツールは情報を収集し、体系化することを助けるものです。どのツールを選ぶかが重要なのではなく、妥当なツールを選んだうえで目的に合わせてきちんと調査計画を仕立てることが最も大切なのです。

　その調査範囲のなかでの比較、あるいは以後の調査結果と比較するためには、正確かつ比較可能なデータの記録を行うことが求められます。調査の日時や気象条件についての記録も欠かせません。

カウント調査	カウント調査は、パブリックライフ調査に広く用いられているツールです。基本的にどんなものでもカウントでき、定量データを得ることができます。同じ場所での改変前後や異なる場所・時間における比較も可能な手法です。
マッピング調査	アクティビティの出現、人びとの位置・滞留している場所など、たくさんの現象をマッピングすることができます。対象地の図面上に記号としてプロットし、必要な数値やアクティビティのタイプなどを描き添えます。行動マッピングともいわれる手法です。
軌跡トレース調査	対象範囲内やその境界付近での人びとの動線を、地図上に線として描き入れる方法です。
行動追跡調査	広範囲を対象とする場合や、長時間にわたって人のアクティビティを記録する場合に、その人に気づかれないようにそっと追跡する手法です。ときには事前に承諾を得た人を追跡する場合もあります。シャドーイングとも呼ばれます。
痕跡を探す	人びとのアクティビティは、しばしば痕跡を残します。路上のごみや芝生の足跡など、都市における人の営みについての情報を観察者に与えます。これらの痕跡をカウントしたり、写真を撮ったり、マッピングしたりして記録します。
写真撮影	写真を撮ることは、パブリックライフ調査において不可欠な部分です。施策の成果として、都市における人の営みと空間形態との間によい関係が生まれているのか否かなど、状況を明快に説明することに使われます。
観察日誌をつける	観察日誌をつけることによって、パブリックライフと空間との相互作用の詳細や、ニュアンスを記録することができます。その内容は、後に類型化したり定量化したりされることもあります。
実地踏査	人びとの営みを観察しながら周囲を歩くことは、ある程度、体系的に行うことができます。ただ、主目的はあくまでも、観察者が歩きながら都市の問題点や可能性に気づく機会を得るということです。

カウント調査

　カウントはパブリックライフの調査のなかで、最も基本的なものです。どんなものでもカウントできます。たとえば、人の数、男女別の人数、会話している人数、笑っている人の数、ひとりでいる人とグループでいる人の数、動いている人、携帯電話で話している人の数などです。閉店後にシャッターを下ろしている店の数、銀行の数、などなど。

　よく用いられるのが、歩いている人の数（歩行者交通量）と、留まっている人の数（静的行動分布）のデータです。これらはプロジェクトの評価や意思決定にも使われます。

　歩行者交通量は、手持ちのカウンターを用いたり紙にメモをしたりして、設定した線を通過した歩行者の数を記録します。滞留者の調査の場合は、観察者が歩き回りながら人数を記録していきます。

　1時間のうちの10分だけのカウントで、かなり正確に日常の様子を記録することができます。都市における人間の営みは、きわめて規則性があることがわかっています。それはまるで肺で呼吸するようなものです。昨日と明日はそれほど違わないのです[1]。

　10分と決めたらきっちり10分間カウントしましょう。この方法はランダム・サンプリング法であり、後に1時間あたりに換算します。これを毎時間行って集計します。ですから、少しの誤りが全体の信頼性に影響するのです。もし、対象地に人があまりいないようなら、サンプリング時間を長く設定する必要があるでしょう。誤差を少なくするためです。また調査中に予期せぬことが起きた場合は、それをすべてメモしておきましょう。たとえば大人数によるデモが始まったとか、道路工事があったとか、とにかく人の量に関係することであればなんでもです。

　このようなカウント調査を行うことで、施策実施前後の比較を容易に行うことができます。人が増えたのかどうか、より幅広い年齢層に使われるようになったかなどを示すことができるでしょう。カウント調査は、時間帯、曜日、季節などによる変動を見るために、長期にわたって実施されることがほとんどです。

中国・重慶でのカウント調査。通過するすべての歩行者を記録[2]。
非常に人通りが多い際には、カウンターがあると便利。

マッピング調査

行動マッピングは、対象とする空間や地区で実際に起こったことを、図面上に記録していくものです。立っている、座っているというふうに、その場に滞在している人の行動を記録する手法です。1日のうちの何回かの時間帯または、より長い期間について、どこに人がいるかの記録を行います。作成する地図は、レイヤーとして次々と重ねていくことにより、徐々に現実的な滞留行動の全体像となります。

1日を通した行動を明らかにするためには、いくつかの時間帯において瞬間を切り取った「写真」のような記録が必要です。対象地内の特定の場所・時間において目撃された滞留行動を地図上に記録していくのです。これによって、空間内のどの場所で滞留するのかが明らかになります。また異なる記号（×、○、□）を使うことによって、異なるタイプの静的行動を表すことができます。言い換えれば、そこでいったい何が起きているのかを記録するということです。ひとつのデータから複数の知見を得ることができます。また、どこで、何をといった質的な要素が、量的な特性を持つカウント調査を補うものになります。

この手法は、ある瞬間のある場所の全体像を示すものです。ちょうど航空写真のように一瞬を捉えるのです。もし、空間全体を見渡す場所があれば、そこから観測すればよいでしょう。対象地が広くてそのような場所がない場合は、対象地をいくつかに分割したうえで観察者が歩き回りながらマッピングを行い、後でつなぎ合わせて全体像を得ます。歩き回る場合、観察者の背後で起きている現象に気をとられないようにすることが大切です。直近で起きていることから順次記録していきます。ポイントは、ひとつの瞬間を切りとるということであり、複数の瞬間を一度に記録しようとしないことです。

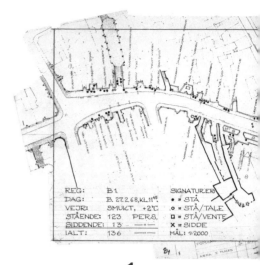

1.

2.

"People in Cities", *Arkitekten* no. 20, 1968.より

1｜冬の日。1968年2月27日火曜日。（中略）11:45における立っている人と、座っている人の記録：調査図B1は以下のことを示している。すべての日当りのよい座席が使用されている一方で、他のベンチはまったく使われていない。立っている人が最も集中しているのはアマー広場沿いのホットドッグ屋台の近くである。この調査図では、立ち話の人と待ち合わせの人は、通りの中央付近あるいはファサードに沿った場所に見られる。

2｜春の日。1968年5月21日火曜日。（中略）2月と同様、店舗の前面に立っている人の数は、平均100人である。しかし他の活動は軒並み増加している。とくに顕著なのは、ただ立って周囲を見ているだけの人がかなり増加していることである。暖かくなりさまざまなものが街に立ち現れているので、見る対象も多いということである。

3｜夏の日。1968年7月24日水曜日。（中略）歩行者のうち30％が店舗の前面に立っていることに変化なし。どうやらこれは一定のようである。（中略）全体として、エリアの重心が、ヴィメルスカフテ通りの商業エリアから、アマー広場のレクリエーション広場に移動したといえる[3]。

Day: Mon. 23 july 1968
Time: 12.00 PM
Weather: Fine, 20 C
Standing: 429 Pers.
Sitting: 324 Pers.
Total: 753 Pers.

3.

軌跡トレース調査

　人の移動軌跡を記録することによって、歩行パターンについての一般的な知見が得られると同時に、その場所特有の現象も明らかにすることができます。この調査の目標は、歩行のシークエンス、経路選択、人の流れ、出入口の利用頻度などについての情報を得ることです。

　軌跡をトレースすることとは、図面上に移動動線を描きこんでいく作業です。観察者は見渡せる範囲内で人びとの移動を観察し、10分間あるいは30分間など決められた時間内に、通る人の移動軌跡を図面上に線で描画します。

　そこを多くの人が通る際には、作業が追いつかず、軌跡のトレースが不正確になります。その場合には空間をいくつかに分割する必要があります。軌跡のトレースによって、その場所における主要な人の流れ、副次的な人の流れ、人があまり通らない場所などの明快な像を可視化することができます。市街地全体などの広範なエリアや長時間の人の移動軌跡の記録については、GPS装置を活用することが考えられます。

Rentemestervej
Saturday the 13th of September from 12-3 p.m.
Walking patterns at noon, 1, 2, and 3 o'clock

記録、手書きスケッチ：コペンハーゲンのエマッジュヘイブン共同住宅の中庭における移動軌跡調査図。2008年、ゲール・アーキテクツによる。1本の線がひとりの動線を表している。10分ごとに記録し後で重ね合わせることによって、移動経路の全体像を可視化する。

行動追跡調査

観察者が定点に立って動線を記録することに加えて、特定の歩行者を追跡することも考えられます。追跡調査または尾行調査と呼ばれるものです。この手法は、歩く速度や歩行途中での特定の行動を、いつ、どこで、どの程度の時間行ったのかを記録するのに適しています。たとえば、完全に立ち止まることだけでなく、横を向くとか、一瞬静止するとか、何かを避けてう回するなどといった微妙な行動も含まれます。この手法は、たとえば学校の通学路をより安全にする検討の際などに使うことができます。

歩行速度の調査は、特別な機器を使わなくても、ストップウォッチと目視で実施可能です。特定の歩行者を追跡しながら速度を計測するのです。観察者は、歩行者が追跡されていることに気づかれないように十分な距離を保つことが必要です。あるいは空間が見下ろせる場所から、一定の距離の移動時間を計測する方法もあります。

特定の個人の長時間にわたる歩行データが欲しい場合には歩数計が活用できるかもしれません。また、GPSを用いた記録によっても、特定の経路の移動速度がわかります。事前に説明し同意を得ることによって、特定の個人を遠隔追跡するができます。

2011年12月、コペンハーゲンのストロイエにおける追跡調査時の写真[4]。観察者は、無作為に選んだ歩行者（3人にひとり）が100m歩くのにかかる時間をストップウォッチで計測する。その歩行者が100mラインを超えると同時にストップウォッチを止める。もし設定したルート以外に進んだ場合は、この歩行者のデータを除外する。

痕跡を探す

　人びとの活動は、その痕跡を探すという間接的な方法で調査することもできます。この方法では、観察者に、パブリックライフの痕跡についての探偵のような鋭い洞察力が求められます。

　パブリックライフ・スタディの核心は、まず実際の状況を観察、経験すること、そして、どのような要素がその状況に影響を与えているのかを熟考することであり、これを通して現状の評価を行うことです。どのような要素が重要かは、場所によって異なります。

　痕跡を探す調査とは、たとえば、積雪の上の足跡を記録するようなものです。それは、広場を横切る際の動線を証拠づけるものです。痕跡は砂利敷きや芝生が荒らされた跡、子どもが遊具を散らかした跡などにも見られます。また、夜間に屋外に置かれたテーブルや椅子、観葉植物などは、居間をパブリックスペースに躊躇なく開いている証拠であり、地区住民の安心感を示しています。一方、まったく逆の意味を示すこともあります。厳重に閉ざされたシャッターやむき出しの玄関などは、そこに暮らしの痕跡がないことを示します。また、置き去りにされたものや、本来の意図どおりに使われていないもの、たとえば公園のベンチに付けられたスケートボードによる傷痕なども、観察すべき痕跡といえます。

左｜コペンハーゲン（デンマーク）の市庁舎前広場に残された雪の上の痕跡。
右｜一般の人びとと同じく、建築の学生も最も直線的な経路を選ぶ。コペンハーゲンのデンマーク王立芸術アカデミー建築学部。

写真撮影

　写真撮影は、パブリックライフ調査において頻繁に使われる方法であり、現状を描写することに用いられます。写真・動画の撮影は、都市空間のかたちと人のアクティビティとの相互作用の欠如を記録することができます。また、改変の前後の特性の変化を示すことにも用いることができます。

　人間の目が観察や記録に向いている一方で、写真や動画はコミュニケーションのツールとして適しています。状況を瞬間凍結し、以後の研究や文書化の際に役立てるのです。また、人間の目では完全には捉えられない複雑な都市の現象を、後日発見するようなこともあり得ます。

　写真は、データが示す現象を生き生きと描写します。パブリックライフ調査の世界では、一般的に建築家がこよなく愛するような美しさを求めることはありません。ここでの主眼は対象物のデザインではなく、そこで起きるパブリックライフとパブリックライフスペースの相互作用に置かれます。

　写真撮影は、一般的な調査に使われると同時に、特定のプロジェクトに対して使うこともできます。1枚の写真は1000の言葉に値するといわれます。なぜなら、写真は、日常のひとコマとして、どこにでも見られる、実感を持ちやすい場景を見せるからでしょう。

　また、継時露出写真やビデオの連続撮影など、時間変化のある現象を示すための、手動・自動のいくつかの方法があります。人の視界についての議論が目的の場合は、カメラのアングルやレンズサイズが関係します。

人を眺めるためのよい場所、よい仲間、よい観察対象ナボナ広場（イタリア・ローマ）

観察日誌をつける

これまでに紹介したツールは、どれもパブリックライフとパブリックスペースの相互作用についての無作為なサンプルを取り上げて描写するものです。しかしそれで何が起きているのかのサンプル的な情報だけでは、すべての細部について包括することができません。細部こそが、パブリックスペースにおける「ライフ」が段階的、連続的に展開することを示す生き生きとした情報を与えてくれるのです。細部を追加するためのひとつの方法が、日誌をつけることです。

細部やニュアンスについて書き留めることで、パブリックスペースでの人びとのふるまい方についての知識を増強させます。これは個々のプロジェクトのためにもなり、対象についての、より基本的な知見を得ることにもつながります。この手法は通常、量的な情報に対する質的情報の付加として、無機質なデータの意味を伝えやすくするために用いられます。

日誌をつけることは、リアルタイムかつ体系的に観察したものを記録する方法であり、量を測る「サンプリング」調査よりも詳細なものです。観察者は関係するすべてのものを書きとめます。説明の仕方は、立っている、座っている、といった一般的なカテゴリーに追加するかたちでもよいし、簡潔な文章を用いることによって、どこで、なぜ、どのようにアクティビティが出現し、必ずしも合目的的でない出来事として展開するのかを掘り下げることができます。例を挙げると、誰かが前庭の芝刈りを1日に何度も行っているとか、老婦人が日曜日に何度も郵便を出しに行くというようなことです[5]。

日誌をつけることは、他の調査結果を説明したり報告書を作成したりする際の補足的な資料としても役立ちます。

日誌をつけることによって、他の一般的な手法では扱えない情報も記録できる。ここで示すのは、オーストラリア・メルボルンの住宅地の調査例。右に示すのが街路で記録された日誌である[6]。

下の2ページは、プラーラ地区のY通りについて示したもの。寸法や形態といった物理的な構成を左側に、ある日曜日に見られたアクティビティを右側に示している。

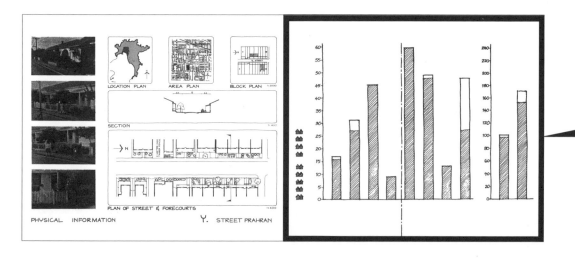

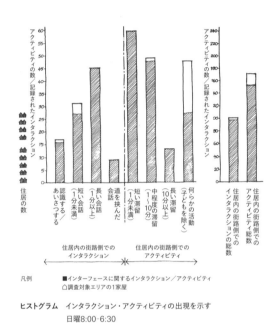

ヒストグラム インタラクション・アクティビティの出現を示す
日曜 8:00-6:30

マップA エリア内のすべての人の位置を示す・規定の38回・日曜と水曜

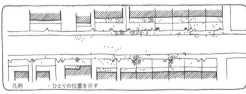

マップB エリア内のインタラクション・アクティビティを行う人の位置を示す
日曜 8:00-6:30

居住者構成の情報

・推測される所得層：中間
・出身国：ギリシャ人（9世帯）、オーストラリア人（9世帯）
・典型的な世帯構成：小さい子どものいるファミリー（ギリシャ人）、カップル数組（オーストラリア人）

地図に現れない街路でのアクティビティ要素

日曜日の午前8:30から午後6:30の間に以下のことが観察された。
・対象エリアに92人の成人歩行者が出入りした
・29人の成人が、エリア内での移動を行った
・71人の成人歩行者が、エリア内で何も活動や交流をせずに通り過ぎた
・191台の自動車・バイクが対象エリアを通過した
・多くの子どもたちが、住居の街路側で遊んでいた

日曜日のアクティビティ一覧

・マットをパタパタする　・犬の散歩をする
・植木鉢を移動する　・ベランダの椅子に座る
・花を摘む　・門のそばに座る
・庭に水をやる　・フェンスや門扉にもたれかかる
・庭いじりをする　・洗車をする
・玄関前を掃く　・車の修理をする
・歩道を掃く　・郵便受けをたしかめる
・子守をする　・勝手口を閉める
・フェンス越しに花を見る　・玄関から庭へ出入りする
・ぶどうを隣人に届ける　・紙くずを杖で排水溝に落とす

日曜日の日誌からの抜粋

1・59　5人の子どもが12番に座る。ベランダに馬車の遊具と長椅子がある。それらの周りに子どもがいる。

2・06　12番の婦人が出てくる。子どもと会話。10番に入っていく。ノックをせずに、そのまま入る。

2・26　16番の夫人がすでに30分ほどベランダから道路の向こう13番の2人の女性、20番の婦人と会話。

2・47　青いジャンパーの女性が北から歩いてきて12番に入る。12から出て10に入る。迷わずドアを開け、入り際にベルを鳴らす。

12・06　13番で3人の男性が会話。ふたりは庭に、ひとりは歩道にいる。歩道の男は徐々に離れているがまだ会話を続けている。

12・10　男はまだ歩いている。道半ばまで到達した。隣のフェンスあたり。まだ会話している。

12・13　男はついに話し終える。庭の男のひとりが隣の家に行く。もうひとりは留まり、13番のフェンスにもたれかかる。

2・34　17番のかなり高齢の女性が前側のベランダを掃く。ほうきを門の外まで運び、歩道を少し掃く（まだ庭に立っている）。見上げたり、見下げたりする。掃くのをやめ、ただ立っている（10分）。

実地踏査

　実地踏査において、観察者は選ばれた重要な経路を歩き、信号待ちの時間や、潜在的な障害物、う回路などについて記録します。

　A地点からB地点への直線距離から計算した机上での到達時間は、実際にかかる歩行時間と大きく異なることがあります。実際の歩行において直面する赤信号や他のさまざまな障害物の存在は、歩行者にとって到着を遅らせるだけでなく、いらだたしく不愉快に感じるものでもあります。実地踏査は、この種の情報を発見するのに適した手法といえます。

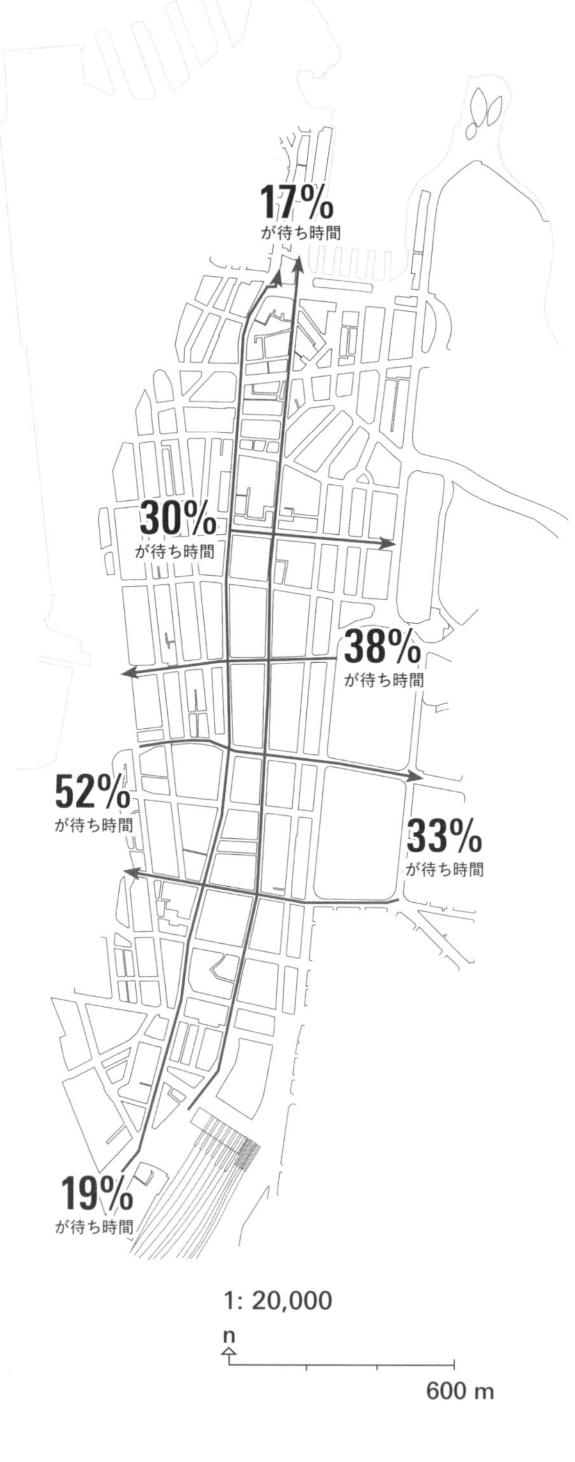

17% が待ち時間

30% が待ち時間

38% が待ち時間

52% が待ち時間

33% が待ち時間

19% が待ち時間

1:20,000

600 m

オーストラリアのパースとシドニーにおいて、パブリックライフ調査の重要な要素のひとつとして実地踏査が実施された(1994年と2007年)。どちらの都市でも歩行者は、主要交差点での信号待ちにかなりの時間を費やしていた。自動車優先的な制御がなされていたのである[7]。歩行者交通により有利な条件を導くにあたって、実地踏査が強力な政治的手段となることが証明された。

シドニーでの実地踏査によって、全歩行時間のうち52％が信号待ちに費やされていることが明らかになった[8]。

4 | パブリックライフ研究の系譜

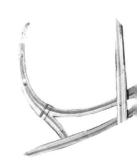

The Concise
TOWNSCAPE
Gordon Cullen

本章では建築学や都市計画学におけるパブリックライフ研究の誕生と発展を3つの時代に分けて、社会的、構造的に見ていきます。

1850年代の工業化の夜明けにはじまり、1960年の経済成長と建設ブームまでが第1の時代です。続いて、1960年代から1980年代半ばにかけて、学問としてのパブリックライフ研究の環境が生み出されたのが第2の時代です。その次の時代は、1980年代半ば以降になります。都市間競争に勝ち抜くために、都市計画家や政治家が都市生活やパブリックライフ研究に関心を抱くようになっていきました。そして2000年ごろ以降、パブリックライフを考慮することが当たり前になっていった時代が現在まで続いているのです。

伝統的な都市建設から
合理的な都市計画へ
（1850-1960）

19世紀の半ばに本格的にはじまった工業化により、多くの人が農村から都市へと移動し、それにともなって都市はかつての境界を越えて広がっていきました。新たに増えていく都市住民の存在は、工業化社会の要求に応えることができない古い都市にとって大きなプレッシャーとなりました。より大きく、より高い建物をより早く建設することを可能とする新しい建設素材、より効率的な建設手法、より特化された建設プロセスが、低層で高密度の伝統的な都市の姿を変えていったのです。

伝統的な中世都市の曲がりくねった道は、直線で左右対称を好むルネサンス時代には早くも否定されていました。しかし、道と広場で構成される伝統的な都市の構造が明らかに打ち破られることになるのは、モダニズムと20世紀の交通を支配することになる自動車が登場してからのことでした。

カミロ・ジッテ──伝統的な都市の再解釈

19世紀の工業化に続いて起きた都市化のプロセスは農村から都市への人口移動によって、加速していきました。増加する人口は都市にとって障害となりました。すべての流入人口を迎え入れることができない都市ではスラムが生まれました。そこでより体系的な「都市計画」によって、この人口増加に対応することになったのです[2]。

20世紀初頭の時点で、過剰な人口という都市の課題に対して、基本的にふたつの回答が試みられました。1920年代の都市計画の主流となるひとつ目のモデルは、伝統的な都市デザインによるよく知っている都市形態とタイポロジーにもとづいたものでした。この回答は、アムステルダム・スクールとオランダ人建築家のハンドリク・ベルラーヘ（Hendrik Berlage）に代表されます。ふたつ目のモデルは、過去の建物の伝統を大胆に打ち破るモダニズムであり、ふたつの大戦の戦間期に穏やかに広まり始め、1960年代に全盛を誇るようになります。

オーストリアの歴史家であり建築家であるカミロ・ジッテ（Camillo Sitte）は、伝統的な都市の質を再解釈し提示しました。彼の1889年に出版された著書『広場の造形』（*Städtebau nach sinen künstlerischen Grundsätzen*）は、個々の建築作品や関連する美学、美術史家が着目しがちな様式などは扱っていません。ジッテはそれらのかわりに、都市の建設の手法を扱い、建物とパブリックスペースが相互に関係し合っている芸術作品として都市全体を見たのです[3]。

1961年、ゴードン・カレン（Gordon Cullen: 1914-1994）は、のちにアーバンデザイン分野で最も影響力を持った書籍のひとつとなる『都市の景観』（*The Concise Townscape*）を出版した[1]。

私たちはカレンの本の表紙でこの歴史の章を始めることにした。なぜならこの本にはパブリックライフ研究の歴史が凝縮されているからだ。1960年代の初頭、経歴も暮らしている国も異なる何人かの研究者が「現代の都市計画は何かが間違っている」というメッセージを発する。都市はたしかに明るくなったし、空気も新鮮になったが、パブリックライフは消えてしまったのである。ゴードン・カレンは『都市の景観』の表紙で、都市の伝統的なつくり方に影響を受けて、さまざまな表情を持つ都市という夢を描いた。

パブリックライフ研究が学術分野として確立する以前

| 1900 | 1910 | 1920 | 1930 | 1940 | 1950 |

最初期の出版物

カミロ・ジッテ
『広場の造形』
(1889)

エベネザー・ハワード
『明日の田園都市』
(1902)

ル・コルビュジエ
『建築をめざして』
(1923)

CIAM『アテネ憲章』
(1933)

パブリックライフ研究の系譜

　ここでは、パブリックライフ研究の系譜をいくつかの著作によって説明します。このタイムラインは影響力の大きい作品を取り上げたもので、洞察的で美学的な観点から都市づくりの技術について扱ったカミロ・ジッテの本が出版された1889年からはじまります。1923年には、ル・コルビュジエが機能主義者の視点からのモダニストのマニフェストを出版しました。これらのふたつの流れの間に、エベネザー・ハワード（Ebenezer Haward）が1902年に出版した『明日の田園都市』(Garden Cities of To-Morrow)があります。都市計画と建築分野における20世紀を先導するイデオロギーというモダニズムの位置づけは、1933年のアテネ憲章（Athens Charter）によって決定的となりました。

　1966年、アルド・ロッシ（Aldo Rossi）は伝統的な都市の質の再発見を促しました。その一方で、『ラスベガス』(Learning from Las Vegas、1972)は日常生活をこの話題に付け加えました。コールハース（Rem Koolhaas）のS, M, L, XLは、彼の初期の著作とともに都市開発の書籍への新たな関心を生み出し、都市スケールでのモダニズムの再解釈の引き金となりました。

　リチャード・フロリダ（Richard Florida）は創造性という枠組みを設定し、都市のステータスを強調しました。彼の著書『クリエイティブ資本論――新たな経済階級の台頭』(The Rise of the Creative Class、2002)は、人気度という観点から都市をランクづけし、他の数々の試みを示しながら都市間競争の激化を強調しました。2007年、都市人口が農村人口を超えました。勢いを増す都市化はロンドン経済大学の「都市の時代プロジェクト」(Urban Age Project)による『終わりのない都市』(The Endless City)のテーマでもありました。

　一番上の時間軸にある作品は、パブリックライフ研究を含みつつ、より広く都市計画分野を形成してきたものです。インスピレーションの時間軸に提示された著作は、パブリックライフ研究と密接に関係しているものの、直接その一部というわけではないものです。これらの著作は、いくつかの学術的なアプローチを通じて、インスピレーションの種としてこの分野の形成に直接的な影響を及ぼしてきました。人類学者のエドワード・T・ホール（Edward T. Hall）、社会学者のアーヴィン・ゴッフマン（Erving Goffman）、環境心理学者のロバート・ソマー（Robert Sommer）、建築家のケヴィン・リンチ（Kevin Lynch）、ゴードン・カレン、オスカー・ニューマン（Oscar Newman）などです。学際的なアプローチは、学問領域としてのパブリックライフ研究の発展に特別な役割を果たしました。1990年代初頭、マイケル・ソーキン（Michael Sorkin）の論文集 Variations on a Theme Park は、現在では私有化によって脅かされているものの、民主主義社会の重要な要素であるパブリックスペースに対するアメリカ都市の強い関心を扱ったものです。1990年代の終わりには、バルセロナで開催された、都市をいかにして取り戻すかというテーマの展覧会が、事例を通じてパブリックスペースの復権を印象づけました。ジェイン・ジェイコブズへの追悼集である What We See は、多様な分野にわたってジェイン・ジェイコブズとパブリックライフ研究への関心が今も続いていて、この分野の研究に貢献していることを示しています。

　一番下の時間軸は、パブリックライフ研究分野の最も重要な作品を提示しています。本章では、これらの作品をくわしく見ていくことにします。

050

	最初のパブリックライフ研究		戦略的道具としての パブリックライフ研究	パブリックライフ研究の 主流化
1960	1970	1980	1990	2000	2010

ジェイン・ジェイコブズ
『アメリカ大都市の死と生』
(1961)

アルド・ロッシ
『都市の建築』(1966)

ロバート・ヴェンチューリ、スティーブン・アイズナー、デニス・スコット・ブラウン
『ラスベガス』(1972)

レム・コールハース、ブルース・マウ
S, M, L, XL (1995)

リチャード・フロリダ
『クリエイティブ資本論——新たな経済階級の台頭』(2002)

リッキー・バーデット、ディヤン・スジック、The Endless City (2008) *

インスピレーション

ウィリアム・H・ホワイト『爆発するメトロポリス』(1958)

ケヴィン・リンチ
『都市のイメージ』(1960)

ゴードン・カレン
『都市の景観』(1961)

エドワード・T・ホール
『沈黙のことば』(1959)

オスカー・ニューマン『まもりやすい住空間——都市設計による犯罪防止』(1972)

マイケル・ソーキン、Variations on a Theme Park (1992) *

Barcelona
(展示、1999) *

ゴールドスミス、エリザベス、ゴールドバード、What We See. Advancing the Observation of Jane Jacobs (2010) *

アーヴィング・ゴフマン『集まりの構造——新しい日常行動論を求めて』(1963)

エドワード・T・ホール『かくれた次元』(1966)

ロバート・ソマー『人間の空間——デザインの行動的研究』(1969)

パブリックライフ研究

ジェイン・ジェイコブズ
『アメリカ大都市の死と生』(1961)

ヤン・ゲール『建物のあいだのアクティビティ』(1971)

ウィリアム・H・ホワイト、The Social Life of Small Urban Spaces (1980) *

クレア・クーパー・マーカス『人間のための屋外環境デザイン』(1990)

ピーター・ボッセルマン、Representation of Places (1998) *

Urbanism on Track (2008) *

クリストファー・アレグザンダー、サラ・イシカワ、マーレイ・シルバースタイン『パタン・ランゲージ』(1977)

ドナルド・アプルヤード、Livable Streets (1980) *

アラン・ジェイコブズ、Looking at Cities (1985) *

アラン・ジェイコブズ、Great Street (1995) *

プロジェクト・フォー・パブリックスペース『オープンスペースを魅力的にする——親しまれる公共空間のためのハンドブック』(2000)

ヤン・ゲール
『人間の街——公共空間のデザイン』(2010)

＊は未邦訳文献

ジッテはパブリックライフの研究を行ったわけではありませんが、中世の都市の迷宮的で多様な表現に比べて、過度に硬直的であった当時の合理的な都市計画を強く批判しました。ジッテは直線性や技術的解決に集中するのではなく、むしろ人間のための空間をつくることの重要性を強調し、伝統的な中世都市の質をよい事例として取り上げたのです。

ル・コルビュジエ──伝統的な都市の打破

ル・コルビュジエ（Le Corbusier）はカミロ・ジッテと同じように中世以来の都市空間の質に着目しましたが、解決方法としてではなく、都市が直面している問題としてそれを捉えたのです。ル・コルビュジエはジッテを批判しました。彼は伝統都市の密度について再考を促し、伝統都市を計画された機能的な都市に置き換えようとしました。機能的な都市は、自動車のための空間やその他の現代生活の利便性を支える20世紀型の生活の物的な枠組みに応答したものでした[4]。

ジッテにとって高密度の伝統都市は現代の快適な生活の障害ではありませんでした。ジッテは人びとに過去の生活への回帰を求めたわけではありません。伝統都市の都市・建築空間においても快適に暮らせることを訴えたのです。

一方、ル・コルビュジエをはじめとしたモダニストたちは、人びとのよい生活を創造することに強い情熱をもっていたにもかかわらず、古い都市のパターンに背を向けました。彼らは複雑で過密で病気が蔓延する場である伝統都市とはまったく異なる、開放的な都市構造を持つ壮大な計画を描きました。

1923年、ル・コルビュジエは『建築をめざして』（Towards a New Architecture）というタイトルで、いくつかのエッセイをまとめた本を出版しました。そこで、直線、高層ビル、高速道路、大きな緑地からなる合理的な現代建築と機能的な都市を提案しました。ル・コルビュジエの理想の多くは、1933年の近代建築国際会議（CIAM）のアテネ大会で採択された、モダニズムの都市計画のマニフェストである『アテネ憲章』に包含されています[5]。

古くて高密な伝統都市に対するモダニストによる急進的な一撃は、実際に都市を健康で安全で効率的に機能させる一方で、急速な成長を可能とすることに関心が注がれた20世紀中盤の支配的なイデオロギーとなりました。効率化を根底においた工業化は、さらに合理性に特化した都市建築へのアプローチをもたらしました。

人びとの生活に関する人間的なビジョンや各種の機能についてのスローガンにもかかわらず、モダニストたちのプロジェクトの多くは、生活よりも形態に重きを置いていたのです。

都市生活を脅かす、空間と自動車への欲求

20世紀初頭、過密で不健康な都市のうらぶれた家屋、悪臭を発する路地、不十分な衛生観念が原因で、コレラなどの伝染病が蔓延しました。住宅ストックの近代化が議論され、健康で衛生的な状態に関心の多くが注がれました。ペニシリンなどの現代医学の発明と都市や住宅の衛生基準の向上への多大な努力によって、20世紀中盤までに伝染病は劇的に減少しました。

工業化と経済成長は戸建住宅やアパートメントのプレファブ化を実現させました。住宅1戸あたりの人数は減少しましたが、住宅の規模は大きくなっていきました。もっと光を、もっと空気をということで、都市内外で都市のオアシスとしての緑の空間が生み出されていきました。より多くの空間が生み出されるにしたがって、より生き生きとした都市生活を生み出すための挑戦が増えていきました。

住宅所有を可能にする経済力と、高密な旧市街地の古ぼけたアパートメントや貸長屋の代替としての明るく、新鮮な空気に富んだ現代住宅への欲望が、古い都市中心部から新しい郊外への人びとの移動をもたらしました。ひたすら郊外へ向かった都市の拡張によって、人びとが中心部から減ってしまったという単純な理由で、都市の活力は奪われていくことになったのです。

100年前の都市にはほとんど自動車が走っていなかったという事実を想像するのは難しいかもしれません。20世紀、とくに1950年代以降、自動車は日々の生活、街路風景に組み込まれました。経済力の上昇と新しく効率的で安価な生産体制によって、より多くの人びとが自動車を購入する余裕を持つようになりました。自動車が都市を支配することは、歩行者にとってはおぞましいことでした。

急速な経済成長に沸いた20世紀後半、都市は高密な中世都市の密度や構造を捨て去ることで爆発的に拡大し、自動車も普及していきました。自動車の移動性を前提として、住まいと職場、レクリエーションのより大きな物的枠組みのなかでより少ない人びとが暮らすということは、新しい地区のより開かれた構造と、建物と人との間のより広々とした空間を意味しました。この時期、都市は従来の都市の境界を越えて、新たに拡張された郊外エリアへと成長していきました。

20世紀半ばまでに、数多くの新たな市街地がつくられていきましたが、都市生活はそれに追いつきませんでした。都市の空間と生活は、居住地の歴史において重要

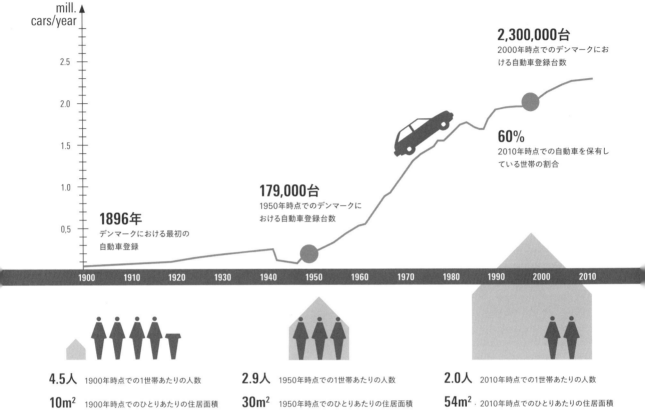

な役割を担ってきましたが、1960年代以降、パブリックスペースとパブリックライフは自動的には生まれてこないことが明らかになりました。それらは人口密度と物的な枠組みに大きく支えられていたのです。しかし、その関係は、ほんの数十年前までは昔から変わりなかったので、ずっと当たり前のものと考えられていたのです。

1960年代以降、パブリックライフそれ自体と、パブリックスペースとパブリックライフとの間の相互作用は、慎重な考察を要する領域になりました。知識を集約し、ライフとスペースの相乗効果を生み出す方法を進化させる必要が生じました。これが特定分野としてのパブリックライフ研究のはじまりでした。

自動車は20世紀を通じて都市に侵入していった。デンマークで最初の自動車は1896年に登録されている。そして2010年までにデンマークの家庭の6割が自動車を持つようになった[6]。自動車の流入により、パブリックスペースでは走行車両、駐車車両、歩行者、自転車の間の衝突を生み出した。自動車が占拠していくにつれ、都市における交通プランナーも大きな影響を受けることになり、多くの都市が交通局を設置したが、歩行者やパブリックライフの安全を守るために資源を割り当てるような部局はなかった。

パブリックライフの危機を引き起こしたのは、自動車が増えたからだけではない。同時期に、1世帯あたりの人数が減ったことで、都市の密度が低下し、私的な空間を持つ人が増えた。これもまた、生き生きとした都市を生み出すことを難しくしたのである[7]。

関心は次第に時速5kmに対応した建築から時速60kmに対応した建築へと移っていき、パブリックスペースの規模は拡大していった。よきヒューマンスケールに関する伝統的な知識は失われるか、もしくは忘れられていったのである。

伝統的な職人精神から合理的で機械的な職能へ

　何世紀もの間、都市は伝統的な職人精神によってつくられていました。都市の空間は多かれ少なかれ、変化していくニーズに合わせてその場で調整しながら直感的につくられていたのです。しかし、工業化とともに大量生産方式が登場し、経験にもとづく職人精神は失われていきました。

　専門化と合理化の進展は、パブリックライフとパブリックスペースへの関心を薄れさせました。建物と建物の間の使い方に責任を持つ人がいなくなり、急速な時代の変化とともに、パブリックライフとパブリックスペースの相互作用に関するノウハウは失われました。20世紀の都市計画家や建築家がパブリックライフに無関心であったということではありません。20世紀の半ばまで、急速に発展する都市において、適切な施設を欠いた多くの住宅地が抱える住宅問題を解決する新しい市街地というかたちで、人びとの住環境の改善への関心は非常に高いものでした。しかし、一人ひとりの日常生活を生活者の視点から見ていくことは、抽象的になりがちな大規模なプロジェクトでは難しかったのです。

　工業化がもつ専門分化志向は、都市開発のさまざまな局面に対する責任をさまざまな分野や専門家に分散させました。都市計画家やエンジニアは、交通、上下水道などのそれぞれの多様な専門に特化することで、大きなスケールのインフラストラクチャーや機能を扱いました。中間スケールの責任については、敷地計画や建物のデザインは建築家に、それらの建設はエンジニアに任せられました。より小さなスケールはランドスケープアーキテクトが担当し、デザイン、緑の要素、特定のレクリエーション設備を強調しました。

　この専門分化のプロセスにおいて失われたのは、公園や駐車場、遊び場というふうに明確に定義されることがない建物と建物の間の空間への関心でした。こうしたギャップを埋めるために、ランドスケープアーキテクチャーが1860年ごろに独立した分野としての地位を獲得しました。その100年後には、アーバンデザインがパブリックスペースへの関心の欠如への対抗手段として認識されるようになりました。建築家の職能は職人精神から芸術へと移行していきました。芸術家としての建築家は、個人的でコンセプト重視の作品を手がけました。建築家たちの巨大建築は、デザインの記号性と敷地の独立性によって認知されるようになりました。

　つまり、都市を建設する仕事は、伝統的な職人の手から専門家の机上へと移行したのです。専門家は、望ましい交通フローを維持するために自動車の台数を数えました。しかし、歩行者も自転車も、多くの都市の統計上はおおよそ無視されたままでした。モダニズムの革新志向は、パブリックスペースの伝統的形態を受け入れるのを明らかに拒んだのでした。

　かつて街路は自動車、歩行者、自転車で共有されていましたが、ラドバーンの自転車と歩行者専用通路と自動車道路による歩車分離の原理が、多様な交通手段を切り離していきました。自動車の都市への侵入に対する現代的な解決方法は、歩車分離による道路の容量確保と歩行者の安全性の向上でした[8]。

　このような変化は、社会的な都市機能をともなう伝統的で空間的によくデザインされたパブリックスペースが、自由に配置された建物の間のレクリエーション空間としての大きくて開放的で緑豊かな領域に取って代わられることを意味していました。

　一般的に、近代都市計画は相互の連携、つまり建物の間の空間には注意を払ってきませんでした。専門分化が進み、場所性と建設行為は生活や直感的理解から切り離され、しばしば軽視されるようになりました。しかし1960年以降、多くの研究者やジャーナリストがパブリックライフとパブリックスペースとの相互作用に関心を注ぐようになっていきました。

スローガンと第1世代のパブリックライフ研究（1960-1985）

　ふたつの世界大戦の間に、次第にモダニズムが都市計画の次のパラダイムになっていきましたが、実際に建設されることが少なかったため、それほど大きなインパクトをもたらしませんでした。しかし、光、空気、そして自由な配置といった理想は普及していきました。都市人口の大幅な増加に対応した住宅建設、住宅不足の解消、とりわけ技術的に最新の住宅の供給が図られましたが、そうした意図にもかかわらず、モダニズムの名のもとでの計画は、すぐに批判の対象となりました。それはヒューマンスケールから外れていて、時間をかけて蓄積されてきた都市環境が備えていた質を欠いていたのです。住宅地の多くは都市の外に設計され、建設されました。ジェイン・ジェイコブズ、ヤン・ゲール、クリストファー・アレグザンダー、ウィリアム・H・ホワイトはどうしたらもう

20世紀における光と空気へのふたつの異なるアプローチ。上は1921年に建設されたデンマークのフレデリクスベルグにあるデン・スナユスク・ビュ。イギリスのガーデン運動に影響を与えた。
下は1960年代に建てられたデンマーク・ヴェアルーセのラングハウスト。モダニズムの原理に影響を受けたデンマークで最も長い建物である。

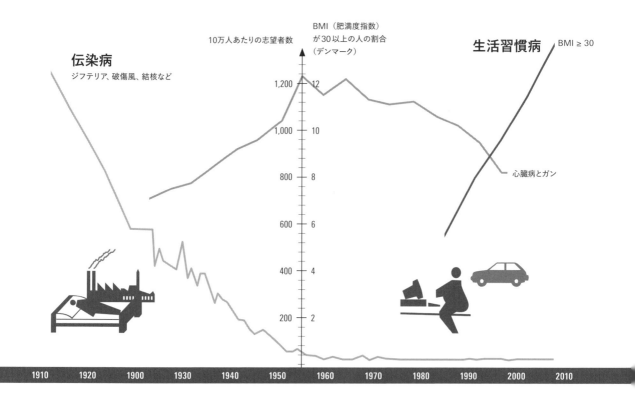

20世紀を通じて、建築家と都市計画家は健康に関連する社会の課題の解決を助けるための都市建設のアイデアを提案してきた。20世紀の初頭には、緑地地域で光と新鮮な空気を享受できる建物の建設は、高密で時代遅れの都市で広まっていた伝染病の蔓延を減らすことに貢献した。デンマークでは、20世紀の半ばまでに伝染病が実質的に克服されると、次に生活習慣病の患者数が増加し始める[9]。簡単に言えば、生活習慣病の課題を解決するためには、自動車に乗るかわりに日常的に人びとが歩いたり、自転車に乗ったりできるように機能を混在させて建てることが有効だったのである。

一度「ライフ」を取り戻せるかと問いかけました。彼らの結論は、ライフは都市計画の過程で忘れられてしまっていて、その土台から考え直さないといけないというものでした。

先駆的なジャーナリストや研究者たちは、世界の各地でそれぞれ独自に都市におけるライフの研究を開始し、ライフとスペースとの相互作用を探求する方法を発展させていきました。パブリックライフを確たるものにするためには何かをしなくてはいけないと都市計画家や政治家が認識するまでに時間がかかりましたが、1960年代の初めには、その方法はおもに大学において発展し始めていました。

マーシャル・プランと石油危機

マーシャル・プランは、戦後のヨーロッパ諸国の経済成長の要件でした。世界恐慌と第二次世界大戦後の再建は、とくに郊外部において巨大な規模で実施されました。しかし1973年の秋、オイルショックが西欧諸国の経済を麻痺させ、かつてないほどの建設ブームは抑制されました。

オイルショックは資源の利用に関する認識を変えました。1960年代には、都市の健康や魅力を損ねる大気汚染、騒音などの公害への関心が環境意識を向上させました。イギリスの田園都市運動はすでに1900年ごろには潜在的な都市の物的、心理的なリスクに注意を払っていましたが、人びとが問題の原因に対して何らかの解決を要求するようになるのは20世紀半ば以降でした[10]。問題はエネルギー消費に応じて段階的に進行していくもので、新種の製品が発する大気に放たれる廃棄物が増加し、環境にダメージを与え、自動車の増加と相まって汚染と騒音が重大なレベルになっていきました。

健康および社会的な側面

1960年代の旺盛な建設活動は、結核、ジフテリア、コレラなどの細菌の温床となった20世紀前半の過密都市の健康に関する課題をさらに越える問題を引き起こしました。1960年代までのペニシリンの普及による細菌性疫病の減少とほぼ同時に、現代の都市スタイルに起因する新たな病気が増加しました。20世紀後半の都市において、デスクワーク、ストレスのたまる職場環境、自動車による移動、大量で新しい種類の食品の接種などの生活習慣がもたらす、ストレス、糖尿病、心臓病などの病気を多くの人びとが患うことになったのです。その結果、われわれはどこでどうやって歩いているのか、ひいてはそもそも、なぜわれわれは日常的に歩き回ることをしないのか、についての研究が生み出されることになりました。

社会的、心理的な側面はパブリックライフ研究においてしばしば重要になります。パブリックライフの研究自体は心理学でも社会学でも人類学でもないのですが、こうした分野が持ついくつかの視点を統合することになりました。1960年代と1970年代には、都市計画やパブリックライフの研究における心理学的、社会学的なアプローチは、新規開発住宅地における"経験の貧困"として記述されたものへの対応でもありました[11]。

レクリエーションの中の郊外

1950年代以降、出勤日が減少し、休日が増加していきました。1960年代には、レクリエーション社会という概念が登場し、1970年代、1980年代には頻繁に議論の対象となりました。自由時間の増大は、社会活動やレクリエーション活動、たとえばパブリックスペースで過ごす時間の増加を意味したのです。

都市郊外への人口移動は、商業の構造を変化させました。自動車文化と郊外の成長は都市中心部から人を奪うかたちでモールを生み出しました。既存の都市に残されていた商業のかなりの部分は、大きなスーパーマーケットやデパートの中に移っていきました。線状に並んでいた小さな商店の連なりはこれらに取って代わられたのです。

パブリックスペースの革命

1960-1970年代の特徴は、さまざまなレベルでの権力者への挑戦でした。大学や市民グループによって従来の専門分野の厳密な境界区分が疑問視された一方で、都市再開発計画に対する反対運動も増加していきました。パブリックスペースをめぐる闘いも、若者たちの革命、反戦デモ、核兵器反対運動、女性権利運動などと結びつきました。権力への挑戦は、たとえば1968年のチェコスロヴァキアでのプラハの春のように、しばしばパブリックスペースが舞台となり、そしてそこで鎮圧されました。1961年のベルリンの壁の建設という政治的なマニフェストは、ドイツの人びとの日常生活のみならず、世界中の人びとにとって象徴的な意味を持ちました。そして現在、パブリックスペースは、政治的な面でも重要であり続けています。パブリックスペースという場において、パブリックスペースそのものに対する抵抗の声があがっています。

1960-1970年代には、教育の機会の増加や男女平等についての闘争の結果、女性は職場に進出し、子ども

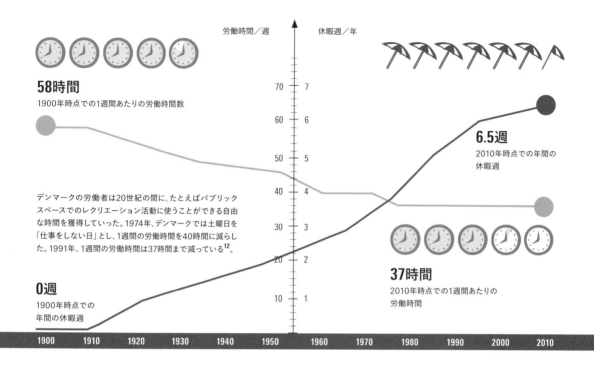

は託児所に預けられるようになりました。この変化は、とりわけ住宅地における女性と子どもの姿に影響しました。郊外のコミュニティの多くは大規模な住宅地の戸建住宅のみで構成されており、他の機能は少なかったのです。新規開発住宅地の住民の多くは、日中は職場か学校か託児所におり、その状況は「ベッドルーム・コミュニティ」の裏返しでした。

人間の価値を賞賛し、大規模新規開発地で暮らす人びとに声を届けるためには、そのときの権力者への挑戦や都市への権利の闘争を続けなくてはいけませんでした。建築および都市計画の危機は、より一般的な意味で、ユーザーへの関心を高めていきました。

ニューヨーク、バークレー、コペンハーゲンでのパブリックライフ研究

建築家や都市計画家は、ル・コルビュジエが提案したモダニストのイデオロギーにもとづいて仕事をしていましたが、一方で、街や都市の建設に関する伝統的な関心も、建築論やデザイン、建設に影響を与え続けていました。その一例がジッテのアイデアを継承し、退屈で人間味のないモダニストによる開発地区を批判したタウンスケープ運動でした[13]。

モダニズムに対抗する運動は、アルド・ロッシやロブ、レオンのクリエ兄弟（Rob Krier, Leon Krier）らが「欧州都市のルネサンス」[14]をスローガンとして伝統都市への回帰を宣言した1980年代にはじまりました。しかし、ここでは建築やデザインのタイポロジーの問題にもっぱら焦点が当てられました。20世紀を通じて、モダニズムやそのカウンターパートとしてのポストモダニズム、新伝統主義といった都市計画のイデオロギーにおいてパブリックライフがしっかりと扱われることはありませんでした。

とりわけ新規の建設におけるパブリックライフへの無関心はますます課題として認識されるようになり、議論を呼び、研究を促しました。1960年代には、パブリックライフに関する学際的な研究環境のおぼろげな輪郭が、国境を越えて現れました。1970年代には、ニューヨーク、UCバークレー、コペンハーゲンのデンマーク王立芸術アカデミーなどで研究環境が整い、人びととその周囲の環境との相互作用の研究手法が体系化され、発展していきました。

都市のなかで——ジェイン・ジェイコブズ

1950年代末ないし1960年代初頭までには、ジェイン・ジェイコブズ（1916-2006）の発言が、マンハッタンのグリニッジ・ヴィレッジから聞こえるようになっていました。彼女は、自動車交通がますます都市を支配するようになっていくなかで、抽象的で人間性から距離をとっていた当時の都市計画を批判したのです。ジェイコブズの生活の場であり、彼女のインスピレーションの源であったグリニッジ・ヴィレッジは、パブリックスペースにおけるパブリックライフに関する彼女の観察そして執筆の対象でした。この時期、グリニッジ・ヴィレッジは自動車と近代主義の都市計画からの強まる圧力にさらされていました。彼女は、『アメリカ大都市の死と生』[15]において、そうした様子を関心と共感をもって描き出し、この本は都市計画および関連する領域での古典となりました。彼女は近代主義の都市計画の理念と交通計画者が都市開発を支配するのを許していれば、かつて「偉大な都市」と知られていた街が「死に絶えた都市」となってしまうと警鐘を鳴らしたのです。

ジェイコブズは都市を住宅、レクリエーション、商業といった近代主義的な用途に分けてしまうと、社会生活と都市の複雑に絡み合った強さが破壊されることになると批判しました[16]。

1960年代の初め、彼女は地元の活動家たちのグループを率いて、ロウアー・マンハッタン高速道路の建設のためにかなりのエリアをクリアランスすることに対する反対運動を行いました。ニューヨークで大きな影響力を持った都市計画家のロバート・モーゼス（Robert Moses）は高速道路の建設に力を注いでいましたが、ジェイコブズと仲間たちは建設事業の実行を阻止したのです[17]。

都市におけるパブリックライフとパブリックスペースの関係性を理解させるために、ジェイコブズは社会、経済、物的環境、そしてデザイン面からこの問題に取り組みました。彼女が今日性を保っているのは、その包括的なアプローチゆえなのです。

彼女は、製図板で生み出される標準的な解決方法に反対しました。都市において何が機能していて、何が機能していないかを知るためには、街に出て行って、そこ

1981年のデンマーク・コペンハーゲンでの自転車デモ。コペンハーゲンは後に、国際的にも自転車通勤の多い都市として知られるようになった。2010年、10人中4人の通勤者が毎日自転車で仕事ないし学校に行っており、1970年代、1980年代からは飛躍的に増えている[18]。自転車通勤者の高い割合は力を入れた市キャンペーンやまとまった自転車のインフラへの投資の結果なのである。

トロントのアルバニー・アヴェニューの自宅のポーチでくつろぐジェイン・ジェイコブズ
（2001年9月2日、撮影：ヤン・ゲール）

『アメリカ大都市の死と生』(1961)

　ジェイン・ジェイコブズの主要な業績である『アメリカ大都市の死と生』(1961)は、都市計画の世界では古典となりました。ジェイコブズは彼女の暮らしていた街、ニューヨーク市のグリニッジ・ヴィレッジの街路で観察したこと、生き生きとして安全で多様な顔を持つ近隣を生み出すものについて書きました。この本は、現代の都市計画は何かが間違っているというメッセージによって、都市計画家、政治家、一般の人びとの眼を覚ますものでした。この本の最初の一文は、「この本はいまの都市計画や再開発に対する攻撃です」というものでした[19]。

　高速道路や巨大な建物ユニット、ゾーンごとの機能の分割によってパブリックライフが窒息させられるのを防ぐために、今ある都市がどのように動作しているのかから学ばなければいけません。ジェイコブズはパブリックスペースや建物とパブリックライフとの相互作用からの学びの鍵として、彼女自身の街の観察によって思想的な基盤を提供したのです。実践のための手法の開発については、他の人に委ねました。

　ジェイコブズの助言者であったウィリアム・H・ホワイトは「これまで都市について彼女が書いた本のなかで最も素晴らしいのは、最初の作品です。調査の手法は大げさなものではありません。目と心が、ライフをもたらすもの、都市の精神についての重要な研究を生み出したのです」と書いています[20]。

での生活を研究するしかないという信念を持っていました。ジェイコブズは「都市に理論を押し付けることはできません。人びとは何とかやりくりします。私たちの計画が合わせないといけないのは、建物ではなくて、人びとなのです。これは現状をすべて受け入れるということを意味しているわけではありません。汚れて混雑しているダウンタウンは、オーバーホールを必要としています。しかし、そこには正しいものもあります。シンプルで流行遅れとも言える観察によって、それらを見出すことができます。人びとが何を好んでいるのかを知ることができるのです」[21]と問題を指摘しました。しかし、観察を体系化する方法は提供しませんでした。その方法は他の人、たとえばジェイコブズの助言者であったウィリアム・H・ホワイトらが提供してくれたのです。

常識の主張者[22]
──ウィリアム・H・ホワイト

ジェイコブズと同じように、ウィリアム・H・ホワイト(1917-1999)の活動もニューヨークと強く結びついたものでした。彼はおもに自分自身の目、あるいはコマ撮りが可能なカメラ(フィルム間にインターバルがある)を使って観察データを集めました。

1960年代の終わりのニューヨーク市では、広場や公園を増やす努力が行われていました。ディベロッパーは、個々の敷地でより高い建物を建てる権利を得るかわりに、1階レベルに新しいパブリックスペースを生み出していきました。このような取引型制度によって生み出される新しいセミ・パブリックスペースの質についての基準はありませんでした。1971年にホワイトが画期的なプロジェクト「ストリート・ライフ・プロジェクト」[23]を始めた当時は、取引型制度にもとづくパブリックスペースを有効に使うための研究はありませんでした。ニューヨークのパブリックスペースに関するホワイトの新しい研究は、後にパブリックライフ研究のテキストブックとなる著作 The Social Life of Small Urban Spaces で詳述されています[24]。この本は、ホワイトの考えを多くの人に届けることに貢献した1988年の同名のドキュメンタリー映画の基となりました[25]。

ホワイトもジェイコブズも、伝統的な意味でいえば、研究のキャリアを持っていませんでした。ふたりに共通する出発点はジャーナリズムでした。パブリックライフとパブリックスペースの相互作用を研究し、そこでの発見を、特定の関心層向けの出版物や学術雑誌ではなく、よりターゲットの広い媒体で公表しました。それにもかかわらず、ホワイトとジェイコブズはこの時期に湧き上がった学術的パブリックライフ研究環境の発展の真ん中にいたのです。

ケヴィン・リンチ(1918-1984)は、パブリックライフとパブリックスペースの相互作用に注目が集まっていた1960年代のニューヨークの中心にいたもうひとりの人物です。彼はより伝統的な学術キャリアを有し、長い間MITで教育にも携わっていました。リンチの着眼はライフというよりも空間に関心を置いたものであり、本書では重要な役割を果たさないものの、とりわけ今でも多くの大学で読まれている『都市のイメージ』(The Image of the City)がパブリックライフの先駆者たちにとってインスピレーションの源泉になったという点で、言及すべき人物です[26]。この本は、人びとがどのように都市を読み、操作し、そして経験しているのか、といった話題を扱っています。

都市は空間であり、生活である
──クリストファー・アレグザンダー

パブリックライフ研究にルーツを持つ学術的環境は、1970年ごろに、UCバークレーで生まれました。UCバークレーには、クリストファー・アレグザンダー、ドナルド・アプルヤード(Donald Appleyard)、クレア・クーパー・マーカス(Clare Cooper Marcus)、アラン・ジェイコブス(Alan Jacobs)、ピーター・ボッセルマン(Peter Bosselmann)などのパイオニアが揃っていたのです。

クリストファー・アレグザンダーは、1967年にUCバークレー内に環境構造センターを設立した建築家です。彼の最も重要な仕事は、1977年の『パタン・ランゲージ』(A Pattern Language)です。この本は、パブリックライフ研究のフォロワーたちのインスピレーションの重要な源泉となりました[27]。

アレグザンダーは、単に人びとのパブリックスペースでの行動から学ぶということだけでは満足しませんでした。彼は、ユーザー自身が、家具から住宅、そして都市までのあらゆるものをデザインすることを望んでいました。彼は、ユーザーは建築家や都市計画家よりも建物や都市のことを知っているのだと主張しました。彼の本は、すべての人が地域や都市、界隈、庭園、建物、家具、扉の取っ手まであらゆるものをデザインするために必要な253の質について述べた1000頁もの大著となりました。

機能主義、近代主義の都市計画家たちに対するアレグザンダーの批判は、彼らが都市生活の複雑さを理解しておらず、それを捕まえる能力を欠いているというものでした。アレグザンダーによると、この複雑さこそが生活、美、そして敷地に即した、場所固有の調和を生み出すものでした。彼の次の本『時を超えた建設の道』(The Timeless Way of Building、1979)において、アレグザンダーは、人びとが生き生きとした感覚を取り戻すことが

できる、都市建設のための普遍的な方法が存在すると主張しました。求められているのは、抽象的で過度に合理化されたデザインから、人びとが日々感じているニーズに即したアプローチへの転換でした[28]。

女性、子ども、お年寄りへの関心
── クレア・クーパー・マーカス

クレア・クーパー・マーカスは都市・地域計画だけでなく、歴史と文化の研究者でした。彼女は、人びとの空間の使い方のマッピングによってよりよいパブリックスペースを生み出す仕事を1960年代に開始したパイオニアのひとりです。彼女は1969年にUCバークレーで教え始めましたが、とくにパブリックライフとパブリックスペースの相互作用の社会的、心理学的な側面に着目しました。

マーカスは見すごされてしまいがちな集団に関心を注ぎました。同僚のカロライン・フランシス（Carolyn Francis）とともに、『人間のための屋外環境デザイン』（People Places、1990）という本を書きましたが、ここで女性、子ども、そして高齢者に着目したことは、「私たちが目にするデザインに関する文言は、仮にすべてのユーザーに言及していたとしても、健常で比較的若い男性を前提としている」ことに対する彼女らなりの批判だったのです[29]。

1990年代から、マーカスの関心はパブリックスペースから公園や植物相などの都市の緑に移っていきました。彼女は緑が人びとの健康に及ぼす影響を研究することで、人びとのニーズに焦点を当て続けました[30]。

The Social Life of Small Urban Spaces（1980）

ウィリアム・H・ホワイトの*The Social Life of Small Urban Spaces*では著者なりの方法論[31]が組み立てられました。1971年に開始したストリートライフ・プロジェクトにおける数多くの調査成果が収録されました。

この本は、小さなパブリックスペースにおける人びとの社会生活に関する基本的な観察調査について紹介しています。ホワイトはこの本を書籍とは考えておらず、むしろパブリックスペース調査の副産物としての手引書であると捉えていました。調査内容を教育的に示すとともに、後半では、ある場所が人びとにとって魅力的なのはなぜか、またある場所がまったくその反対なのはなぜかについて、明確に説明しています。文章、グラフ、写真などを用いた説明は、天候、場所や建物のデザイン、一般的ないしは特定の場所での人びとの行動を扱っています。

ホワイトは、私たちはパブリックスペースにおいてどこに座ろうとするのか、どのように他者との関係を考慮しているのかという基本的な問いに向き合いました。彼は1日中、ときに左の写真にあるようにコマ撮り撮影を駆使して、パブリックライフを調査しました。この本の末尾には、コマ撮りカメラの使い方についての説明も付いています。

人びとのための街路
―― ドナルド・アプルヤード

ドナルド・アプルヤード（1928-1982）は、アメリカ東海岸でのケヴィン・リンチとの仕事からパブリックライフ研究を開始しました[32]。1967年にUCバークレーで教え始め、アーバンデザインの教授になりました。ピーター・ボッセルマンとともに、環境シミュレーション研究室を創立し、パブリックスペースでの人びとの行動や経験をシミュレーションすることを可能にしました。

1980年、アプルヤードは Livable Streets という本を出版しました。「多くの人がいまだ街路を使っているにもかかわらず、街路は危険で、陰鬱なものになってしまった。街路を聖域として、生き生きとした場所として、コミュニティとして、住まいの領域として、遊びの場として、緑の場として、歴史の場として再定義しなくてはいけない。近隣は、排除的でない方法で守られなければならない」[33] といったアプルヤードの主張は、ジェイン・ジェイコブズが街路の社会的側面を重要視したことと重なるところがありましたが、彼の場合はジェイコブズに比べて、交通に多くの関心を注ぎました。

アプルヤードのこの分野における貢献としては、サンフランシスコにおける交通量の異なる3つの住宅地の通りの比較研究が最もよく知られています。街路の平面図がきわめて明確に結論を説明してくれています。それは交通量が増えれば増えるほど、ライフやコミュニティ感覚が失われるということです[34]。アプルヤードは社会経済的に多様な住民がいる地区での街路についての調査を継続的に行いました。これらの調査は、交通量はそれぞれの街路のライフとそれらを生み出す社会的関係の数に大きな影響を与えるという、先行研究の結論を支持するものとなりました。

都市を経験する
―― ピーター・ボッセルマン

建築家のピーター・ボッセルマン[35]は、ユーザーの視点から、都市の経験を描き出そうとしました。ユーザーの経験は、しばしば専門家が提供する経験とは対比的です。「専門家は人びとが都市においてどのように動き、どのように街路を眺め、どのようにひとりで、あるいは他の人たちと広場で佇んでいるかといったことをほとんど描写できていない」[36] のです。

ライフとスペースの間の相互作用は時間に沿って生じるので、プロセスの研究が不可欠であり、物的環境との関係で人びとの活動を書きとめようとすると、多くの問題が浮き彫りになります。ある瞬間は、その前や後の

『パタン・ランゲージ』（1977）

モダニズムが都市や建物の伝統的な建設方法を拒否した一方で、1960年代、クリストファー・アレグザンダーは、人びとのニーズを考慮しつつ、都市全体に広がる書棚からバス停までのあらゆるものをデザインするため、ときを超えた、忘れられているかもしれない原則を提示しました。彼はそうした研究を初期の仕事『パタン・ランゲージ』にまとめました。

アレグザンダーはパブリックライフとパブリックスペースの相互作用に学び、かつての都市や建物の生み出し方を再解釈しようとしました[37]。他の人と同じように、彼はヤン・ゲールの境界部の力強い魅力についての知見の蓄積を参照しながら、よく機能している都市やパブリックスペースにおける建物の境界の重要性を強調しました。アレグザンダーはふたつの異なる境界を提示しました。ひとつは彼が機械的と呼んだ、モダニストの建物に見られる人のためのディテールや機会のないもの、もうひとつは生き生きとした境界と呼んだ、多様性、ディテール、人のためのさまざまな可能性をもったものでした。「機械的な建物は周囲から切り離され、孤立した島のようです。生き生きとした境界を持つ建物は連結されて社会組織の一部になっており、そこで暮らし訪れる人びとすべての人生の一部になっているのです」[38]。境界の影響力は、通りすがりの人を建物に招き入れ、パブリックライフを共有するところにも及んでいます。アレグザンダーが主張するように、「境界のつくり方を間違えると、その空間は決して生き生きとしたものにならない」[39] のです。

子どもたちが家から近隣の小さな集団に共有されていた中庭や遊び場に安心して出ていけるようになっていれば、子どもたちの世話をするのもずいぶん楽になる（『人間のための住環境デザイン』より）[40]。

瞬間とは異なるものです。そのため建物の調査とは違って、アクティビティの研究では、時間が決定的な要素となります。ピーター・ボッセルマンはこれらのプロセスに関する情報を書き留め、広めることに深い関心を寄せたのです。

ボッセルマンはUCバークレーの環境シミュレーション研究室を支えた立役者のひとりです。他の建築家、フィルム会社や光工学の専門家とともに、計画中の建物が周囲におよぼす影響を調べるための都市環境模型をつくり上げたのです。模型とフィルムカメラによって、歩いたり、車を運転したり、飛行したりすることで周囲の環境をどのように経験するのかが、固定画像ではなく歩行者の連続的な視点によって説明できるシミュレーションが可能となったのです。

人びとが都市をどのように体験するのか、比較的現実に近い画像を提供する技術を発展させるのには相当な

『人間のための住環境デザイン』（1986）

クレア・クーパー・マーカスの最初の主要著作はウェンディ・サーキシアンとの共著の『人間のための住環境デザイン（Housing as if People Matters: まるで人間が重要であるかのような住まい）』でした。この本の論争的なタイトルは、住宅地のデザインにおいて人間がほとんど無視されていたことを示しています。この本の冒頭には、技術的な知識と彼女たちの子ども時代やその後の暮らし方にもとづいた物語が散りばめられた、よき都市を生み出すものについてのふたりの価値観の説明があります。クーパー・マーカスは「舗装された中庭の囲まれ感や集団的な領域感が非常に力強かったことを思い出します。私たち子どもはそこが私たちの空間であることを知っていました。両親が私たちにしばらく待っていてねというとき、彼らは子どもたちがこの場所にいるということを知っていました」[46]と書いています。価値観のつまった個人的な語りのスタイルは、パブリックライフのパイオニアたちの研究の特徴です。

この本は、新たに建設された住宅地に引っ越してきた人びとに、その住宅地において好きなもの、そうでないものについて聞いた100例にもおよぶ居住後評価をまとめたものです。

時間がかかりました。1979年以来、研究室はサンフランシスコ市などと共同で研究を進めました。とりわけ、サンフランシスコの超高層建築物は、ローカルな気候やパブリックスペースの質にどのような影響を与えるのかを示すために、しばしば研究対象となりました[41]。

ジェイン・ジェイコブズや他の人びとと同様に、ボッセルマンにとっても都市のなかで学ぶことが最も重要であり、彼は学生たちに街に出て、街路や近隣を直接調査することを奨励しました[42]。彼は、街路上だけでなく環境シミュレーション研究室において、さまざまなルートでの4分間の歩行というかたちで、その経験を比べることで、移動のなかで経験する都市を明らかにする方法を探求したのです。環境シミュレーション研究室は、ライフとスペースの相互作用の観察にも基づくかたちで組み立てられたのです。

1980年代中盤、環境シミュレーション研究室は建設が予定されていた超高層建築物がサンフランシスコの気候や経験におよぼすある種のネガティブなインパクトを明らかにする研究に取り組みました。この研究の結果は、超高層建築物からの日影や不必要な風をなくし、歩行者レベルでのよりよい微気候を保証する制度の採用につながりました[43]。環境シミュレーション研究室は、UCバークレーにおけるパブリックライフ研究の中心であり続けたのです[44]。

ボッセルマンのこの分野への貢献は、移動時の都市経験、地域の気候条件に抗うかわりに、それを支えるような物的な枠組みをもって都市をデザインする方法を強調したことにあります。パブリックスペースでの経験を、時間とそれを表現する方法と結びつけたことで、ボッセルマンは都市におけるライフと都市のスペースとの相互作用の理解の核心に迫ったのです。彼の研究の多くは、*Urban Transformation*（2008）に収録されています[45]。

Livable Streets（1981）

モダニストは街路も含む伝統的な都市のタイポロジーに背を向けました。パブリックライフ研究は、街路を最も重要なパブリックスペースとして取り戻しました。ジェイン・ジェイコブズは『アメリカ大都市の死と生』のなかで、街路は社会的空間で、人びとの通行や自動車のためだけの空間ではないと主張しました[47]。1981年、ドナルド・アプルヤードが出版した *Livable Streets* は、街路が社会活動を招き入れる状態になっていて、たとえば交通などによってパブリックライフが妨げられないような状態であれば、街路では社会活動が展開されるということを示す研究でした[48]。

Livable Streets がアプルヤードの最も重要な著作だと考えられる理由は、交通量と街路で行われる社会活動の量との関係性を研究によって示したからです。結論は専門家向けになっていますが、住宅地の街路における交通の重大さを示し、自動車交通が少ないか、排除された新しい街路のデザインに関する議論を喚起するという点で、政治家や活動家にとっても重要な成果となったのです。

065

「私たちは都市が好きだ」[49]
──アラン・ジェイコブス

　1990年代初頭、建築家であり都市計画家でもあるアラン・ジェイコブスはUCバークレーのアーバンデザイン修士課程のプログラムの立ち上げにかかわりました。1975年に教鞭を執り、教授になる以前、彼はサンフランシスコの都市計画局長（1967-1975）を務めました。1972年には、サンフランシスコの最初のアーバンデザインプラン策定の陣頭指揮を執っています。2001年からは、アーバンデザイン分野の独立した都市計画コンサルタントとして活動しています。

　ジェイコブスは街路を人びとのための場ではなく交通空間として考える都市計画家を批判しました[50]。ジェイコブスにとって、街路はさまざまな社会的なバックグランドをもった人びとを許容する場でした。*Toward an Urban Design Manifesto*（1987）のなかで、ジェイコブスはドナルド・アプルヤードとともに、街路の社会的重要性を無視したとしてCIAMと田園都市運動を批判しました[51]。彼らは都市生活のための価値と目標をリスト化しました。それは、「住みやすさ、アイデンティティ、コントロール、機会へのアクセス、想像、楽しみ、真実性、意味、コミュニティ、パブリックライフ、都市の自立、皆のための環境」[52]でした。これらの目標への到達を促すために、密度、複合化された機能、パブリックスペースと街路といった伝統的な都市の質にもとづくいくつかの都市計画の原理を公式化しました[53]。

　ジェイコブスとアプルヤードは、「われわれの都市のビジョンは、ユートピアン的計画家たちも含む多くの人びとが拒否してきたかつての古い都市空間の現実にも根を下ろしたものである。私たちのユートピアはすべての人びとを満たせるわけではないだろう。それでよいのだ。私たちは都市が好きなのだ」[54]と書いています。これは、パブリックライフ研究のパイオニアたちに共通する姿勢です。彼らはモダニズムが否定した前近代の都市の質を強調します。密度や複合用途、街路や広場などの伝統的なパブリックスペースといった空間の質だけでなく、すべての人のためのパブリックスペース、オーセンティシティ、都市やパブリックスペースの意味などの社会的、心理的な側面も含めて、都市生活やその他の無形の価値に寄与していることに喜びを感じています。

　ジェイコブスは、*Looking at Cities*（1985）という本で、

Sun, Wind, and Comfort（1984）

　1984年、ピーター・ボッセルマンと何人かの同僚は*Sun, Wind, and Comfort: A Study of Open Spaces and Sidewalks in Four Downtown Areas*[58]を出版しました。このレポートに注目するのは、学術的な世界と都市の政治的な実践とを橋渡しするものだったからです。1980年代の半ば、パブリックライフ研究はますます都市計画の戦略的道具となっていっていたのです。

　このレポートは、サンフランシスコにおいて、いくつかの計画中の超高層ビルが微気候や快適な経験に与える影響について記述しています。街路レベルで人びとが感じる日照や風の状況にどのような影響を与えるかを示すことで、超高層ビルの計画を認めるか認めないかという開かれた議論に大きな貢献をしました。ローカルプランのなかで採用されたガイドラインにもとくに重要な影響を与えました。このように、都市を使う人びとにとっての環境を改善するという目的をもったこの研究は、パブリックライフ研究のひとつとなったのです。

分析的研究方法および合意形成手法としての体系的な観察手法について議論しています[55]。彼は固定的な絵や地図を見ることよりも、むしろパブリックスペースとパブリックライフとの相互作用の観察によって、人びとの生活に影響を与える不幸な決定や行動を回避することができると信じています。彼はGreat Streets（1995）のなかで、よく機能しているもの、あまり成功していないものなどの豊富な事例を紹介しています[56]。

ジェイコブスは、具体的なアーバンデザイン計画を策定し、マニフェストを著し、UCバークレーで当該分野を立ち上げることによって、アーバンデザイン分野の確立に貢献したのです。

建物のあいだのアクティビティ[57]
──ヤン・ゲール

建築家のヤン・ゲールは、デンマーク王立芸術アカデミーの建築学部を1960年に卒業しました。モダニズムの時代に学生時代をすごしたところから彼のキャリアははじまりました。彼もまた、周囲の環境よりも建物に過大な優先順位を与えていました。

ある日、クライアントが彼のモダニズム思考に疑問を呈しました。そのクライアントは広大な土地を持ち、そこに「人びとのための」住宅を建設したいと考えていました。彼はどんなスタイルの住宅をつくるかには関心がなく、むしろ、人びとが生きるためのよい場所をつくることを望んでいました。1962年、このプロジェクトを支援していたのが、当時、ヤン・ゲールがスタッフとして勤務していたコペンハーゲンの設計会社のインガー＆ジョネス・エクスナー社でした。クライアントの「人びとのための何か」を建設したいという要求は、1962年当時、とても難しい課題でした。その要求に応えるできあいの建築的解答はありませんでした。

この課題に対する具体的な解答は、イタリアの集落に発想のヒントを得た、広場を囲む住宅群からなる低層

1981年から82年ごろのUCバークレーの環境シミュレーション研究室、ドナルド・アプルヤード（右）がサンフランシスコのダウンタウンプランをウィリアム・H・ホワイト（右から3番目）に説明している。レスリー・ゴード（Lesley Gould）は真ん中に立ち、ピーター・ボッセルマンは左に座っている。

Great Streets (1993)

アラン・ジェイコブスはGreat Streets (1993)において、世界中からたくさんの街路の事例を集めました。他のパブリックライフ研究のパイオニアと同じように、彼は彼と彼の家族が暮らしていたピッツバーグのある街路について記述することで、個人的で日常的な領域から話を始めました。

Great Streets の事例は物的な要素を強調したものですが、気候などのその他の要因がどう社会活動に影響を支えているのかについても理解がありました。「私たちがかつて暮らしていた偉大な街路」という見出しで、ピッツバーグのロスリン・プレイスの事例でそのことを説明しています。

「ロスリン・プレイスは、外観も構造もしっかりつくられ、明確で親密なスケールをもつ街路です。しかし、それ以上のものです。物理的に快適なのです。春、夏、秋とたくさんの葉っぱを付けた楓が陰をつくり、木漏れ日が注いでいる光景が最良のイメージです。街路はあなたが望んだとおりに、とても涼しいのです。冬に太陽が必要だとしたら、毎日少しでも街路に出てみれば、葉を落とした枝を通して降り注ぐ太陽の光を得られるでしょう」[59]。

の建物の複合体というものでした。1960年代初頭において、広場を囲む低層の住宅群という設計は、あまりに前衛的で、その計画は実現しませんでした。しかしこの計画は、出版されることで影響力を持ちました。ゲールのその後の仕事の核となる、建物と建物の間の空間の重要性についての基本的な考えがここに生まれていたのです。

プロジェクトの中心は、共有の広場と広場に規定された建物の建て方でした。古典的な都市の広場がインスピレーションの源泉になった一方で、そのスケール感は住居にも適用されました。それは親近感があり、都市的で、郊外の庭園や当時人気のあった芝生広場とはおおよそ対照的なものでした[60]。

ゲールのモダニズムの思考に疑問を投げかけたもうひとりは、彼の妻で心理学者のイングリッド・ゲールでした。彼女は建築家が人びとに対して特別な関心を持っていないことをしばしば疑問に思っていました。1960年代半ばから、イングリッド・ゲールは、デンマークで初めて都市や住宅環境に焦点を当てた心理学者として、デンマーク建築研究所で働き始めました。彼女は、都市における人びとの行動や状態を、とくに住宅という観点から研究しました。

ヤン・ゲールにとって、人びとが生きるためのよい場所というクライアントの要求と、イングリッド・ゲールの「デザインだけでなく人びとのことを考えるべき」という心理学的洞察と奨励が、彼の都市におけるパブリックスペースとライフの相互作用の研究の契機だったのです。

1960年代と1970年代、ヤンとイングリッドはしばしばメディアに登場しました。モダニストの設計した集合住宅における知覚経験の貧困さ、ヒューマンスケールの欠如などに対する批判的な主張はこの時期に組み立てられていったのです[61]。

批判は正当だったとしても、オルタナティブを提供するためには、あるものがうまくいって、あるものがうまくいかない理由を明確にする必要がありました。パブリックライフ自体と、パブリックライフとパブリックスペース

との間の相互作用についての大量の基礎的な知見を研究するための新しい道具が必要なことがすぐに分かりました。最初、ヤンとイングリッドはイタリアで何回かのセミナーを開催しました。

1965年、ゲールは新カルスバーグ財団から旅行奨学金を獲得し、イタリアの古典的なパブリックスペースと都市を巡る機会を得ました。イタリア旅行の成果は、1965年にデンマークの建築雑誌のArkitektenに寄稿した3つの論考にまとめられています[62]。これらの記事は、ヤン・ゲールがその後続けていくパブリックスペースとパブリックライフの研究の方法論的な礎となりました。彼はイタリアの広場がどのように機能しているのか、一般的な用語で記録しただけでなく、たくさんの特定の詳細な事象、たとえば、どこでどのように人びとが佇んでいるのかを定点観測によって、その位置と座っているのか、立っているのかを記録していきました[63]。

またある通りでは歩く人の数を数え、別の広場ではそこに現れる人の数を朝から晩まで1日中、数えました。この調査は、異なるふたつの季節での滞在者、歩行者の数を比較するために、冬と夏の2回実施しました[64]。6ヵ月にわたるイタリア滞在中に、ヤンとイングリッドは後にイタリアではない他の都市で試されることになる基本的な知見を収集したのです。

1966年の論考では、デンマークの状況とより一般的な状況に同時に言及しました。

「都市を歩き回る機会は、それを見出すことができるところでは、必ず活かされます。なぜなら都市において歩き回ることが必要とされているからです」[65]。

アラン・ジェイコブスのGreat Streetsから「すべては偽物、すべては舞台装置、最良の街路がもつ舞台装置の物的な質とともに、偉大な街路を生み出す理想化された夢の記憶を表している。沿道の建物、光が絶えず動いている建築のディテール、1階レベルでの透明さ、歩行者の快適さ、住宅や生活の気配、終わりと始まり。18フィートごとに並んだたくさんの出入り口、しかしいくつかは本当の出入り口ではなく、同じお店なのに外観は別のお店のように見せるもの。たくさんの建物の外観、平均は22フィート。たくさんの窓と看板。上層階は正確なバランスはとれているが、実際よりも少し小さく、実寸模型よりも小さい。清潔さ。コンセプトの芸術性、質の高い出来ばえにもかかわらず、あたかも壁が壁ではないような、すべてが仕掛けで止まっているような、物的にか細い感じがする。小さなエリアがどうやって都市性の感覚を生み出すのかの例。中央のトロリーの線路は、小さなまちのメインストリートであることと都市でのメインストリートであることの両面性を明らかにしている。全体としてみれば、巨大主義のもとでの練習問題は大衆的であろうとしていた」[66]。

カルフォルニア州のディズニーランドのメインストリート。アラン・ジェイコブス画、Great Streetsより。

「デンマークにおいても、都市計画によって精神的に健康な都市機能が提供されている2、3の都市に顕著な都市的な活動とともに、イタリアと類似した活動が見出せます。イタリアのように、デザインと使われ方との間の密接な関係を見出すことができます。都市を歩き回る機会を見出すことができるところでは、その機会があるという理由だけで十分です。その機会は必ず活かされるのです」。

イタリアでの研究では、デザインと利用との密接な関係がたしかめられました。論考では、誰がどこで何をしているのかを記述する方法について詳述しています。結論のひとつは、都市生活の性格を狭く考えないようにという警告でした。たとえば、商店街沿いの活動を排他的に買い物とだけ性格づけすることは、活動の表面をなたにすぎません[67]。合理的で機能的な活動の氷山の下には、社会的な側面があります。他の人びとを見たい、単純に他の人と同じ場所にいたいといったニーズ、運動、光、空気などのために、社会で何が起きているのかをたしかめたいというニーズなどです[68]。したがって、観察調査は、人びとがなぜそこにいるのかを尋ねるインタビュー調査では決して捉えることができない次元を付け加えたのです。

1966年の記事はパブリックライフとパブリックスペースの結びつきを、著作と講義を通して名を知られたスポークスマンになっていたヤン・ゲールの代名詞である物語風の写真で記録したものでした。彼の物語風の写真は、空間と形態を強調する伝統的な建築写真とは大きく違っていました。ゲールは、空間がどう使われているのか、よい事例、悪い事例を強調するために、日常的な都市生活のなかから親しみのある光景を使いました。

イタリアでの研究は、よく機能している都市空間の事例の紹介に留まりませんでした。都市広場と目抜き通りとの間の関係づくりに失敗したサビオネータという小さな町の分析を行い、結果として、広場が閑散としていることを統計データによって明らかにしました[69]。

デンマーク王立芸術アカデミー建築学部では、ランドスケープの教授のスヴェン＝イングヴァ・アンダソンが人間の次元に焦点を当てるゲールの仕事に可能性を見出しました。1966年にはじまったゲールの研究は、建築学科の研究テーマとなり、結果として1971年に出版されたゲールのゼミナール活動記録である『建物のあいだのアクティビティ』(*Life Between Buildings*)にまで発展したのです[70]。

『建物のあいだのアクティビティ』は、パブリックライフ研究の教科書となり、さらに人びととつながる都市計画を起点とするあらゆる地域で広く読まれました。この本は22の言語に翻訳され、今でも版を重ねています[71]。

『建物のあいだのアクティビティ』の出版と同じ年、イングリッド・ゲールも*Bo-miljø*（デンマーク語で「住環境」）という本を出版しました。この本は、デンマーク建築研究所での彼女の仕事にもとづいて、住宅の心理的側面について扱っていました[72]。

1968年から1971年の間、コペンハーゲンの建築学校はSPAS（心理学者・建築家・社会学者のための研究）という名のもとで学際的な研究を展開し、さまざまな分野からの参加者を惹きつけました。

1972年から1973年にかけて、ヤン・ゲールはトロント大学の客員教授として、イングリッド・ゲールとともに建築や都市計画の社会的側面についてのかなりセンセーショナルな講義を通じて、人に着目した研究を発表しました。ゲールは、オーストラリアのメルボルン（1976年）などの幾つもの大学の客員教授を務めることで、国際的なキャリアを形成していきました。メルボルン市とのコラボレーションは、1970年代のいくつかの小さな地区での一連のパブリックライフ研究からはじまりました。それが後に都市全体に広がっていきました。ヤン・ゲールとメルボルン市との付き合いは、2001年にゲールがヘレ・ソホルト（Helle Søholt）とともに立ち上げたゲール・アーキテクツを通じて、現在も続いています。ヘレは、デンマーク王立芸術アカデミーの建築学部とシアトルのワシントン大学で学んだ建築家です。

こうした彼らの初期の研究は基本的な知見の蓄積に貢献しました。そこから生み出されたパブリックスペースとパブリックライフとの相互作用を研究する方法は発展し続けているのです[73]。

パブリックライフ研究の国際学際会議

ここまで言及してきた研究者以外にも多くの人びとが、1960年代にはじまったパブリックライフ研究に関わりました。3人の優れた人物を例に挙げましょう。クラエス・ゴーラン・ガンシャール（Claes Göran Guinchard）は30秒間隔の写真撮影をもとに、遊び場での活動を記録しました。同時代のオランダでは、デルク・デ・ヨング（Derk de Jonge）が屋外と屋内の境界部での人びとの嗜好性の研究を行い、1970年代にはロルフ・モンハイム（Rolf Monheim）がドイツにて、歩行者地域の総合的な研究を行いました[74]。その他多くの研究者がこの分野に参入しましたが、本章で紹介したキーとなる人物たちがパブリックライフ研究の先駆者であるという位置づけは変わりませんでした。

これらのパイオニアたちは、建築、ランドスケープアーキテクチャー、大規模な都市計画などが融合した学問としてパブリックライフ研究の思想と方法の両面の土台

を築きました。この研究はアーバンデザインの一部だと考えられた一方で[75]、究極的な目標をデザインに置いてないところが特徴でした。むしろ、その目標はパブリックスペースとパブリックライフの相互作用への理解をより深めるために観察を行い、データを集めることだったのです。それは、デザインやその他都市計画や建設プロセスをよくすることができる分析ツールでした。この芸術的というよりも分析的なアプローチは、パブリックライフ研究の主唱者たちと芸術的な関心に導かれている建築家たちとの間の衝突をしばしばもたらしました。

草創期には、さまざまな学問がパブリックライフ研究の確立に密接に関係していました。パイオニアたちは建築や都市計画系の大学と結びついていましたが、彼らの教育的バックグラウンドはもっと幅広く、他分野の人びとと協働しました。彼らの著作やアプローチは、多くの種類の専門的視点を含んでいました。こうした学際的なアプローチが続けられる一方で、パブリックライフ研究は次第に建築、都市計画プログラムのなかで定着していきました。

世界のさまざまな地域の研究者たちが、ほぼ同時に、都市におけるパブリックスペースとパブリックライフの結びつきを研究する方法を発展させ始めていたというのはおもしろいことです。彼らは皆、都市計画において人間が見逃されている、あるいは見えなくなっているという事実に対して、反抗したのです。自動車が都市を侵略したことで、交通計画者が、かつては歩行者と都市生活のためにデザインされていた建物と建物の間の空間のプランニングの仕事を引き継がなければならなかったのです。

このグループの著作はよく知られているように、何かを伝えたいという気持ちに溢れています。それは他の専門家に対してというだけではなく、素人に対してもでした。パブリックライフのパイオニアたちは、彼らの知識が書籍や映画、大衆的な雑誌を通じて広がっていくことを

『建物のあいだのアクティビティ』(1971)

ヤン・ゲールの『建物あいだのアクティビティ』はパブリックライフ研究の分野のみならず、都市計画や都市に対する戦略的思考といったより広い領域での古典となりました。

この本は1971年にデンマークで出版され、建築や都市計画がどのような方向性でいけばいいのかというスカンジナビア半島での議論に大きな貢献をしました。1987年に英語で翻訳されるころまでには、建物の間のアクティビティを考えるというアイデアは熟していました。ラルフ・アースキンは最初の英語版の序文で次のように指摘しています。「1971年、本書が最初に出版された年、ヤン・ゲール以外には人間的価値に関心を寄せる人はいませんでした。それから10年以上が経ち、建築家やその他の人びとのなかで、このような価値観が確実に広がっているのを感じることができます」[76]。

建築の様式史や個々の建築家や建物、哲学的な話題など、さまざまな本が出版されましたが、パブリックライフとパブリックスペースの関係性を説明してくれる本はほとんどありません。『建物のあいだのアクティビティ』は、パブリックライフ研究のパイオニアたちの著作とともに、いまだに数多くのシラバスの文献リストに並んでいるのです。

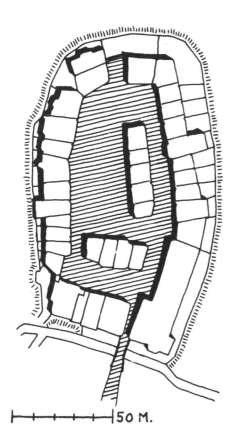

左｜イタリアのサン・ヴィットリーノ・ロマーノの平面図[77]
下｜エクスナー・アーキテクツによるアムトスゥーゴーオン（実現せず）

　1962年、インガ・アンド・ヨハネス・エクスナーの建築事務所の所員であったヤン・ゲールは、アムトスゥーゴーオンと呼ばれていた低層の住宅群の提案を手伝っていた。下記に示したような断面を持つ住宅群は実際に建設されることはなかった。しかし、その設計図は専門雑誌に掲載され、住居をどのように組織化するかという点で大きな影響力を持つ。

　このデザインはローマのサン・ヴィットリーノ・ロマーノ（左に平面図）のような場所で、生き生きとしたパブリックライフを支える古典的な広場の役割にヒントを得たものだった。建物は互いに自由に独立して配置されているわけではない。むしろ、ヒューマンスケールでの親密さのある囲われた場所をつくるように配置されているのである。

望みました。とはいえ、彼らの著作が分析的でないと考えるべきではありません。その逆に、パブリックライフ研究の特徴は分析的なアプローチの採用でした。しかし、多くの場合は、伝統的な学術書のような論争的な議論部分や過度な脚注などはついておらず、むしろ、フィールドスタディと実践事例における「現実」に依拠したものでした。

パブリックライフ研究という分野は、調査と実践を繰り返しながら生まれてきました。素材は都市から集めてきたもので、都市がその燃料を提供したと言えます。その記述はしばしばニューヨーク、サンフランシスコ、コペンハーゲンといったローカルな環境に根ざしていました。都市自体が、都市におけるパブリックライフとパブリックスペースの相互作用の研究の手法を開発するための実験室になったのです。都市に飛び出していって、都市の空間や建物がパブリックライフをどのように支えているのか、あるいは支えていないのかを観察することが基本的な前提です。直接の観察のほか、機械の支援を受けることもあります。

1968年に設立された環境デザイン研究協会（EDRA）のような専門家組織の形成や大学などの高等教育機関における分野の定着とともに、パブリックライフ研究は次第に学術界のなかで確立していきました。従来的な学術的論文が数多く出版されるようになり、この分野もより伝統的な学術的アプローチに近づいていきました[78]。

パイオニアたちがそれぞれ別々に活動していたのに対して、彼らは他の専門家らと刺激し合う集団であり、次第に国際的で学際的なパブリックライフ研究会議になっていきました。

パブリックライフを主題とした基本的な書籍は、1960年代から1980年代半ばまでに出版されました。今日においても、この時期に開発された手法が、パブリックライフの研究や教育、実践の基礎となっています。その後、1980年代中盤以降、2000年ごろまでに、知識や手法がどんどん実践に移されていきました。都市計画家や地方の政治家たちが新規開発の環境に対してより批判的になり、都市間競争が激化していくなかで魅力ある都市をどのようにつくるかという課題に答えるために、パブリックスペースとパブリックライフとの相互作用を理解することへの関心が高まっていったのです。

戦略的な道具としてのパブリックライフ研究（1985-2000）

1980年代の終わりには、国家の影響力が減少していくのと合わせて、都市や地域間の競争が強まっていきました。この変化は、グローバリゼーションと1989年のベルリンの壁の崩壊に象徴される重大な政治的、地理的な変化の結果でした。1990年代の経済的急成長の果実のいくらかは、アイコン的な建築によるブランド化というだけでなく、より大きな意味での都市環境や都市の質という面で都市に投資されたのです。

この時期は、まだ曖昧な状況でした。かつてないほどの大規模な建築プロジェクト、画一化された都市というかたちでのグローバリゼーションの結果に対する反応として、都市の人間的価値やパブリックスペース、複合機能、ローカルな展望、そしてよりヒューマンなスケールに対する着目が増していったのです。

しかし同時に、建築家は芸術家として、個々の建物はアイコン的な芸術作品として称賛されました。この動きは20世紀の終わりに最高潮に達し、世界中の都市が特別なサインで都市をブランド化する記念碑的な建築を建てるために「スターアーキテクト」を雇いました。

個別の建築に向かう流れが強まった一方で、建物と建物の間のスペースの価値に関心を持つ人びとは苦境に立たされました。しかし、幸いなことに、全体論やパブリックライフを強調する都市もありました。バルセロナ、リヨン、コペンハーゲンなどです。これらの都市は戦略的にパブリックスペースの計画を立てました。これらの都市を特別なものとするのはパブリックスペースでした。パブリックスペースの写真が、専門誌や観光パンフレットを飾ったのです。

持続可能性と社会的責任

1980年代の終わりから、いくつかの都市において都市のライフの可視化への関心が高まり、分析や議論が行われました。というのも、機能的で活力のある都市を生み出す力が、激化する都市間競争においてきわめて重要になったからなのです。もはやA地点からB地点まで人びとがすばやく移動できるというだけでは不十分で、都市は人びとが住み、働き、訪れたくなるような魅力的な場所を必要としていたのです。こうした展開によって、時間をかけた発展のフォロー、都市をより魅力的にしようとする取り組みの成果の測定のためにパブリックライフの状況を研究し記録することが、政治家にとっても望ましいものであると分かってきました。

1960年代、1970年代に立ち上げられた都市環境の概念は、1985年から2000年の間に支持を獲得し始めたのです。多様性、自動車に対する歩行者優先、パブリックスペースにおける人びとへの関心などのパブリックライフ研究のパイオニアたちの基本的な教義は、この時代に支配的な議題であり続けました。持続可能性と社会的責任への関心は、1980年代の終わりから高まっ

ていきました。加えて、1980年代末から1990年代初頭に、パブリックスペースの私有化、商品化が議論されるようになりました。*Variations on a Theme Park: The New American City and the End of Public Space*（1992）というアンソロジーは、オープンで、誰でもアクセスできるパブリックスペースのかわりに、都市空間が私有化、商品化されていることを指摘していました[79]。

持続可能性と経験

1987年の『地球の未来を守るために』（*The Brundtland Report*として知られている）は、都市計画、とくにCO_2の総量削減における重要で明確な問題領域として、持続可能性という概念が登場したことを示しています。環境にやさしい交通に重きを置くパブリックライフ研究の学際的で包括的なアプローチは、持続可能性の問題を解く中心的な役割を担っています。このアプローチは、大量生産と標準化をともなう工業に特化した社会から、より複雑で、いろいろな意味でより包括的で、知識やネットワークにもとづく社会への転換に沿ったものでした[80]。

1960年代から1980年代にかけての「余暇社会」についてのあらゆる議論は沈静化していきました。たくさんの緑地を生み出すことで余暇のニーズを満足させるということではもはや十分ではないのです。1990年代には、「経験社会」がホットな話題となりました。パブリックスペースにおける人びととの活動の選択肢を豊かにし、特定の集団に対応する経験が提供されなくてはいけません。標準化された遊び場を建設しているだけでは、もはや満足させられなくなっていました。テーマ型の遊び場、スケート公園、ジョギング用の道、フリーランニングの練習施設なども必要とされたのです。専門化と経験への需要によって、特定の対象集団に使われているかどうか、パブリックスペースが意図した目的で使われているのか、他の何かに使われているのか、それともまったく使われていないのか、といったことの検証が必要とされるようになりました。

奪い返した都市——バルセロナの試み

1980年代、1990年代、多くの都市の都市計画家と政治家は、自動車と機能主義者の都市計画からの圧力に対して、より批判的になりました。パブリックスペースと建物の間で行われるパブリックライフはよりいっそう注目されるようになりました。2000年、ヤン・ゲールとラルス・ゲムスー（Lars Gemzøe）は*New City Spaces*という、世界中の新しい街路、再生した街路、広場など39事例を扱った本を出版しました。著者たちはその本のイントロダクションで、パブリックスペースについて真剣に考えられるようになったのは1980年代であると指摘しました。こうした状況で、バルセロナの政策がある種ののろしを上げることになりました。「この50年の間、すべての都市の空間は自動車に占拠されてきました。今は、物的にも文化的にも都市は闘いを再開しています」。「奪い返した都市」というコンセプトが生まれたのもバルセロナです[81]。

1979年にフランコの独裁が終わり、最初の自由選挙が行われると、バルセロナ市政府はパブリックスペースを重視するようになりました。集合の自由がなかった時代は終わりました。都市の各地に出会いのための場所を生み出すことによって、民主主義に戻ったことをお祝いしたのです。

最初のパブリックスペースプロジェクトは、1970年代の終わりから1980年代の初めにかけて、都市の旧市街地をメインに実施されました。このプロジェクトは後に郊外のパブリックスペースにもひろがっていき、多様性があり、しばしば革新的なデザインのたくさんのパブリックスペースが生まれました。バルセロナは、この時代に独立した領域として確立し始めた「パブリックスペース・アーキテクチャー」を先導する事例となりました[82]。

バルセロナや他都市からの刺激は、都市計画家と政治家双方の戦略的道具としてのパブリックスペースという意識を高める結果となりました。パブリックスペースとパブリックライフとの相互作用における質の重要性の再認識によって、新たな都市空間における「ライフ」研究の必要性が強まったのです。

大学からまちなかへ

1980年代半ばから、多くの都市でパブリックスペースとパブリックライフとの相互作用に関するアドバイスが求められるようになりました。次第に民間コンサルティングに移行するようになる2000年ごろ以前は、研究はしばしば学術機関との協働で実施されました[83]。理論やアイデアを実践に移したいというパブリックライフの研究者の思いが、彼らのアカデミックなキャリアと民間コンサルティングの仕事とを結びつけることになりました[84]。

数多くの都市が、いわゆる「パブリックライフ／パブリックスペース調査」を行いました。この調査は、コペンハーゲンにおいて、市とデンマーク王立芸術アカデミー建築学部との協働で開始され、後に2000年に設立されたゲール・アーキテクツが参画しました。

コペンハーゲンは1968年から今日まで、パブリックライフ／パブリックスペース研究の方法論を発展させ

るための生きた実験室になっています。コペンハーゲンは、パブリックライフ調査を1968年、1986年、1996年、2006年と繰り返し実施した世界で最初の都市なのです[85]。

　大がかりなパブリックライフ調査は、1968年の調査と比較するかたちで、1986年に実施されました。18年間の時間の経過は、地域レベルでも一般レベルでもおもしろい結果をもたらしました。コペンハーゲンのパブリックライフの変化が読みとれたのです。主要な歩行者軸であるストロイエの通行者数はほとんど変化がなかったのですが、単に歩いているだけでなく立ち止まっている人の数は、1968年よりも1986年の方が明らかに

「ヨーロッパの奪回──都市のパブリックスペース1980-1999」はバルセロナ文化センター（CCCB）に1999年に開催された展覧会のタイトルである。「奪い返した都市」というコンセプトは、1980、1990年代にヨーロッパで生み出されたたくさんのパブリックスペースを事例とし、紹介するかたちでここで打ち出された。

　この展覧会は、パブリックスペースが都市計画の重要な要素として着目され始めたことを印象づけた。かつては駐車車両に占拠されていた広場が人びとに使われるようになったことで、都市が奪回されたのである。

（写真｜スペインのバルセロナ）

多かったのです。都市空間での文化的な活動の種類も、この期間に著しく増えていました。パブリックライフ調査によって、パブリックスペースにおけるレクリエーションや文化的な使い方が広がっていることが示されたのです[86]。

これらの大がかりな調査は、10年に1回の詳細な点検作業であり、都市生活の健康を慎重に検査するものです。大がかりな調査と調査の間では、より小規模な調査を実施します。この20、30年の間に、オーストラリアのメルボルンとパース、ノルウェーのオスロ、スウェーデンのストックホルム、デンマークの地方都市オデンセにおいて、パブリックライフ／パブリックスペース調査が実施され、より大きな視野のなかで、さまざまな方針、政策、具体的なプロジェクトが生み出されたのです[87]。

変化を記録する必要のあるローカルな知見は、期間をおいて繰り返し行う固有の調査によって収集されます。加えて、他都市や他の場所との比較という手法を使うことで、パブリックライフとパブリックスペースの相互作用に関するより一般的な知見を見出していきます。比較研究は、パブリックスペースと人びとの行動を、社会の発展と同じように優先するというより一般的な結論の根拠となるのです。

今や世界中の多くの都市が、パブリックライフ／パブリックスペース調査を、都市生活のステータスを確立するために実行しています。都市空間に対する特別な取り組みを必要としているエリアを明確にすること、またはそうした取り組みを評価すること、パブリックライフとパブリックスペースとの相互作用を絞り込むことが、そのはじまりなのかもしれません。

コミュニティこそ専門家である──PPS[88]

ウィリアム・H・ホワイトの仕事にルーツをもつプロジェクト・フォー・パブリックスペース（PPS）は、北アメリカおよびそれ以外の諸外国の都市において、とくに市民参加と転換のプロセスを強調してアドバイスをしています。通常、プロジェクトは明確なある限定されたエリアで行われます。

PPSの創立者でリーダーであるフレッド・ケント（Fred Kent）は、1970年代にホワイトのストリートライフ調査を手伝った人物です。経済の学士号、都市地理学の修士号を取得したケントのアプローチは、間違いなく学際的なものです。

PPSは1975年に創立されましたが、その名が知られるようになるのは1990年代半ばのいくつかのプロジェクトを通じてでした。プロジェクトにユーザーを巻き込む手法は、同時期の社会的責任という課題を反映していました。PPSの手法はユーザーが参加したインタビューやワークショップのような対話にもとづいたツールを重視していますが、同時にそうした仕事の基礎として、都市空間の直接的な観察にも重きを置いています。

PPSの「よい場所」を生み出すための11の原則の最初は、コミュニティが専門家である、です。これらの原則は、彼らのハンドブック『オープンスペースを魅力的にする』(How to Turn a Place Around、2000)[89]にくわしく述べられています。PPSは、具体的な仕事を手がけるのに加えて、参加者にパブリックスペースでのすごし方に関わる課題や地域の環境を変革する手段についての洞察を深めてもらうためのワークショップも運営しています。

その他のたくさんの手法やこの本で言及されている人たちは皆、人びとを観察することを最重要視していますが、PPSの核となる信条のひとつは、あくまで人びとに質問し、彼らと対話を行うことなのです。PPSは、広場や街路、近隣といったパブリックスペースの小さなスケールの改善を比較的素早く、安く行うことができるそうしたプロセスを「プレイス・メイキング」と呼んでいます。The Great Neighborhood Book (2007) には、PPSの仕事の事例がたくさん、収録されています[90]。

行政がパブリックライフ研究を道具として発明した

行政は、1985年から2000年の間に、パブリックライフ研究の方法の開発を積極的に行ってきました。パブリックライフ研究は都市計画の実践と結びつき、新しい政治的な枠組みに統合されるようになりました。今では、純粋な技術や研究面での関心とは別の数多くの要因が、調査のかたち、とくにそれをどうやって使うか、もしくはそれを使うかどうかといった点に影響を及ぼすようになっています。

大雑把に言って、パブリックライフ研究の基本的な著作が出版されたのは1960年から1985年でした。1985年以降も書籍は出版され続けましたが、その数は減っています。パブリックライフ研究が学問体系として確立され、専門化が進み、特定のテーマに絞った研究がなされるようになりました。Livable Streets (1981)、住居、子ども、高齢者についての『人間のための住環境デザイン』(1986)、地域の気候条件との関係についてのSun, Wind, and Comfort (1984)、観察についてのLooking at Cities (1985)、経験とコミュニケーションについてのRepresentations of Places (1998) などの書籍の出版が、こうした傾向を支えました[91]。

建築家たちが都市に向き合い始めた

同時期に、建築界は伝統的な都市の質を再発見していました。モダニズムの理念が20世紀後半の支配的なパラダイムだった一方で、1980年代には都市への回帰が見られました。アルド・ロッシやクリエ兄弟がポストモダン的抵抗の主役になりました[92]。

コンパクトシティや伝統的なパブリックスペースのタイポロジーが、その形態やより広い持続可能性の文脈に着目して論じられました。とりわけリチャード・ロジャース（Richard Rogers）は、1997年に出版した『都市——この小さな惑星の』（*Cities for a Small Planet*）によって重要な役割を果たしました[93]。

ニューアーバニズム運動は1993年にはじまりました[94]。ニューアーバニストたちも、彼ら以前のパブリックライフ研究のパイオニアたちと同様にモダニズムと闘いました。人びとの活動に重きを置いているパブリックライフ研究との重要な違いのひとつは、ニューアーバニストたちはデザインに大きな関心を寄せているということです。パブリックライフ研究の著者たちは、ニューアーバニストと同じくらい規範的で理想主義的であり、「良き都市」についての語りにおいては引けをとりません。しかし、パブリックライフ研究のパイオニアたちは一般的な原則に重きを置いています。それは、典型的には、ヤン・ゲールの『建物のあいだのアクティビティ』（1971）、クレア・クーパー・マーカスの『人間のための住環境デザイン』（1986）[95]の原理などにもとづいたものです。これらの著者は、特定のデザイン・ガイドラインというよりは、むしろ一般的な原則を提供してきたのです。

『建物のあいだのアクティビティ』のキーコンセプトは、離れているよりも集まっていること、分節されているよりも統合されていること、反発するよりも招き入れること、閉じこめるよりも開いていくことでした[96]。『人間のための住環境デザイン』でも、クレア・クーパー・マーカスは住宅地での屋外空間をデザインする際に考慮すべき原則を、子どものニーズとの関係で説明しています[97]。パブリックライフ研究分野のゲールやマーカスなどによって描かれた原理がたしかに規範として受け止められる一方で、彼らはデザインの詳細には焦点を当てていません。デザインの表現方法は下位に置かれています。パブリックライフ研究のパイオニアたちはデザインを固定化することに抵抗しているのです。彼らの焦点は、デザインそのものではなく、パブリックライフとデザインとの相互作用にあるのです。

1980年代から1990年代にかけて、多くの都市がパブリックライフとパブリックスペースの相互作用を考えるようになっていきました。社会的な目標として健康で、

『オープンスペースを魅力的にする』（2000）

フレッド・ケントのリーダーシップのもと、PPSは市民参加を奨励しています。PPSは都市において市民自身がよい場所を生み出すための道具を提供するハンドブックや、他の人たちの参考のために自分たちの仕事をまとめた書籍を出版しています。PPSの重要な活動のひとつは、プロセスを変革する道具を用いた、都市計画家や市民に対する教育です。PPSは、ジェイン・ジェイコブズやその他、パブリックライフ研究をかたちづくることに貢献した人びとから、行動主義を受け継いでいます。

2000年に出版された『オープンスペースを魅力的にする』は、PPSのアプローチと手法を詳細に説明したハンドブックです[98]。本の末尾についている記録用紙は、チェックリストや実際の道具のテンプレートとして直接使えるものです。PPSの本は、パブリックスペースとパブリックライフの間の相互作用についての基本的な知見をくわしく説明しているわけではありません。むしろ、どうやったら状況が変えられるのか、実践的なアドバイスを提供しているものです。市民参加と変革のプロセスに焦点を当てているのです。

1978年、レオン・クリエはルクセンブルクのキッチュベルク高原計画を設計した。実現はしなかったものの、参照すべきプロジェクトとして知られるようになった。クリエの計画は、イギリスでは1984年に、オリジナルのイタリア版は1966年に出版されたアルド・ロッシの『都市の建築（The Architecture of the City）』に発想の源がある。モダニズムによる伝統の打破への応答として、ロッシは建築や都市計画の分野の人びとに対して、過去の都市建設から学ぶためにも都市を見つめることを主張した[99]。

安全で、より持続可能な都市が求められるようになり、相互作用の重要性は次第に受け入れられるようになっていったのです。

パブリックライフ研究がメインストリームへ（2000年）

2007年、世界人口のうち、都市部に暮らす人口が農村部に暮らす人口を初めて上回りました。この変化は、発展途上国のみならず、あらゆる都市でのライフと空間との相互作用の研究と深く関係しています。発展途上国の都市は爆発的に成長していますが、ここでもパブリックスペース研究はゆっくりと前進しています[100]。

持続可能性、健康、安全は、パブリックライフと連動する項目です。2000年以降、「住み心地のよさ（livability）」という概念がしばしば使われるようになりました[101]。この概念は、もともとはドナルド・アプルヤードによってパブリックライフ研究のなかで使われていたものです。彼は1960年代には「居心地のよい街路」について書いていました。しかし、それらを編集して同名の著作にまとめたのは1981年になってからでした[102]。

マス・メディアは、世界で最も「住み心地のよい」都市のリストを毎年度、出版するというかたちで、このコンセプトをさまざまな都市の「住み心地のよさ」を測るために使いました[103]。リストの価値や信頼性については議論の余地があるものの、都市間競争における競争的パラメーターとしてソフトな価値についてメディアが方向性を示したという点は、この文脈において重要なことです。

また、アメリカにおいて持続可能性や生活の質という言葉が使われている一方で、住み心地のよさも都市や国のレベルで有効なコンセプトなのです[104]。アメリカ連邦交通局のレイ・ラフッド（Ray LaHood）は、「住み心地のよさ」を「子どもを学校に連れていき、職場に通い、医者にみてもらい、食料品店か郵便局に立ち寄り、ディナーと映画に出かけ、子どもと公園と遊ぶ、といったことすべてが自動車なしにできること」と定義しています[105]。自動車は、とくにアメリカにおいて20世紀の象徴です。アメリカの連邦政府は、人びとを自動車依存から解き放つという目標に向かう思いを示したのです。コペンハーゲンでは、同様のビジョンは『人間のためのメトロポリス』（Metropolis for People、1999）と呼ばれています[106]。

リヨンのテロー広場。リヨンは、1980年代末から公共空間を戦略的に機能させてきた欧州最初の都市[107]。

21世紀になって、パブリックライフを政策やプロジェクトに組み込む動きが大きく広がりましたが、研究や体系的な計画がプロジェクトの立ち上げ前に実行されたというわけではありません。都市生活が物的環境に大きく依存しているということを何度も繰り返し示してきたにもかかわらず、無数のプロジェクトがパブリックライフとパブリックスペースとの相互作用の十分な考慮がもたらす恩恵を受けることなしに、実施されています。とはいえパブリックライフ研究は、数多くの都市で、都市計画の統合的な役割を担うようになってきています。

パブリックライフのパイオニアたちの遺言

初期のパイオニアは影響力を持っていましたが、それはかぎられたものでした。とはいえ、彼らは1960年代に種をたくさん撒きました。それらは21世紀の初頭に花を咲かせ、彼らのアイデアは最終的にはコミュニティの価値の変化の過程において広く受け入れられていきました。20世紀の終わりには、なぜパブリックスペースと人びととの相互作用が重要なのかという問いに対する答のリストのなかに、新たな議論がいくつか加えられました。

1980年代から1990年代にかけて、居住者、投資家、訪問客は魅力的で住み心地のよい都市を求め、都市計画家や政治家はパブリックライフを都市間競争に結び付けるという知恵を得ました。

21世紀に入って、環境や健康、安全についての課題を解決したいという欲求が、このリストに加わりました。

ジェイン・ジェイコブズは2006年に亡くなりましたが、パブリックスペースやパブリックライフが都市計画の一部にならなければいけないのはなぜか、という問いに関心を寄せる彼女の先駆的な努力への評価は揺るぎないものになっています。2010年、ジェイコブズへの追悼として、たくさんの優れた実践家や研究者が参加して*What We See*という本が出版されました[108]。ジェイン・ジェイコブズは21世紀に世界が、世界中の都市が直面している新しい問題とも関係し続けていますし、その関わりをさらに深めてもいるのです。

2010年には、ヤン・ゲールも、都市において人びとのためのよりよい環境を生み出すための40年間の仕事を振り返る『人間の街』(*Cities for People*)を出版しました[109]。この本では、多くの都市が人びとのニーズに合わせようと望んでおり、スペースとライフとの相互作用を研究し、学ぶことはそのための重要な道具であるということを示す多くの事例が紹介されています。この本は、経済的状況や地理的条件と関係なく、意義を持っています。「中心となる課題は、人びとへの敬意、品位、ライフへの情熱、出会いの場としての都市です。これらの領域において、人びとの夢と希望は、世界のさまざまな場所でそう大きく違いがあるわけではありません。この課題を扱う方法は、驚くほど似ています。なぜなら、すべては、もとを辿れば共通性を持った人間に帰着するからです。すべての人びとが歩行、感覚器官、行動手段、基本的な行動パターンを共通して持っています。異なる文化圏においても、違いよりも共通性の方がはるかに大きいのです」とヤン・ゲールは述べています[110]。

持続可能性、安全、そして健康

21世紀に入り、狭義の環境観は持続可能性という概念へと広がり、社会的、経済的な持続可能性まで含むようになりました。環境負荷のある自動車のかわりに、自転車に乗ったり、歩くことを人びとに促すためのさらなる知見が、パブリックスペースの社会面、経済面との結合についてのより基礎的な知識とともに求められるようになりました。誰もが徒歩で移動できる都市をつくるという目標は、パブリップライフ研究を支える理念の基本要素なのです。

2001年9月11日、テロリストによるニューヨークのワールドトレードセンターへの攻撃は、都市における不安や安全に対する関心を強めました。24時間人がいて、よりオープンで誰でも受け入れるパブリックスペースを生み出す努力がなされてきました。不幸なことに、その努力は反対の方向へも導かれていきました。パブリックライフを排除したゲイテッド・コミュニティです。

パブリックスペースのビデオ監視が増えていくとともに、その倫理的な問題がホットな議題になりました。都市における安全の感覚を広く生み出していくという目的のもとでは、都市自体の構造を活かしてどのようなことができるのかを研究することが大事です。ここにパブリックライフ研究が大いに関係してくるのです。

安全性は、パブリックライフ研究においてつねに重要な役割を果たしてきました。ジェイン・ジェイコブズにとっては安全は中心的課題でした。彼女は生き生きとした都市をつくることと同時に、安全な都市をつくることに取り組みました。なぜなら、「街路の眼」と地区のライフへの関心を持つことで犯罪を防げるからです[111]。建築家であり都市計画家であるオスカー・ニューマン(Oscar Newman)は、『まもりやすい住空間』(*Defensible Space*、1972)という本で、犯罪防止という課題をパブリックスペースのデザインと計画との関係で説明しました[112]。

安全性は、たとえばマイク・デイヴィス(Mike Davis)の『要塞都市L.A.』(*City of Quart*)で説明されているように、都市計画において現在進行形の論点ですし、より一般的

40%
1900年時点でのデンマークにおける都市居住者の割合

65%
1950年時点でのデンマークにおける都市居住者の割合

85%
2000年時点でのデンマークにおける都市居住者の割合

に「リスク社会」という概念にもとづく社会的な観点からも論点となっています。ドイツ人の社会学者のウルリッヒ・ベック(Ulrich Beck)が1986年にこの概念を生み出しました。彼は、この言葉を、グローバリゼーションの進行と深く結びついた不安、環境的な破滅の脅威、新しい技術の見通しのなさを記述するために使いました[113]。

健康は、21世紀に入ってから都市をどうデザインするかという観点でも広く議論されるようになったテーマです。この潮流は、肥満、糖尿病、心臓病やその他、生活習慣と関係する病気を患う人が増えてきたことを反映しています。

21世紀、日常的な運動の欠如への注目に合わせて、健康がますます大きな問題となってきています。ここで、

吹き出し部分は、パブリックライフへの関心を盛り立てたいくつかの主要な社会的テーマを示している。1986年に社会学者のウルリッヒ・ベックは、リスク社会という概念を紹介した。一方、持続可能性という概念は、1987年のブルントラント・レポートで提起され、多くの都市開発計画で欠くことのできないテーマとなっていく。都市との関係での健康は、今世紀に入ってから都市の課題として認識されるようになり、「住み心地のよさ」の概念もほぼ同時期に導入された。都市化の進行は繰り返されるトピックであり、都市は将来の課題に向き合わなければならない場所なのである[114]。

パブリックスペースに集まれ

2011年は世界中でデモが見られた年でした。西側諸国でのデモは金融部門での無謀な行動と世界規模の金融危機に対する責任を問うたものでしたが、アラブ諸国での抗議は全体的な体制に向けられたものでした。たくさんの新しいメディアが重要な役割を果たした一方で、パブリックスペースも重要な舞台となりました。

2011年1月11日、30万人もの人びとが、エジプトにおける抗議の震源地であるカイロのタヒール広場近くの街路に集まり、ムバラク大統領の統治に対する抗議のデモを行いました。バーレーンのマナーマでは、その中心部のモニュメントの彫刻のある交差点が政府への抗議活動の集合場所になりました。モニュメントと広場は後にブルドーザーによって撤去され、結集場所として使われることがないように、信号で制御された交通交差点にとって代わられました[115]。

2011年の春、数多くのスペインの都市で、人びとはますます悪化する社会的不公平に対する抗議活動を行いました。2007年のリーマンショックに端を発するものです。2011年の9月中旬から11月中旬にかけて、ニューヨークの金融地区の中心にあるズコッティ公園は、グローバル金融の影響に対する抗議運動である「ウォールストリートを占拠せよ」を生み出しました。パブリックスペースは象徴的な意味だけでなくて、人と人が顔を合わせる場として重要だったのです[116]。

ズコッティ公園における「ウォールストリートを占拠せよ」のデモ（ニューヨーク市、2011年10月）

マナーマのパール広場（バーレーン、2011年春）

日常生活の物的な環境が実質的な役割を果たすことになるのです。政治家や都市計画家は、都市のデザインをどのように変えれば日常的に人びとにもっと動いてもらえるようになるのかについて慎重に検討しました。都市空間における徒歩や自転車は、環境に優しい交通のかたちという以上に、都市の安全性を高め、健康を増進することに貢献するのです。

デモや集会のためのパブリックスペース

2011年のアラブの春は、市民が集まり、デモを行うための場所としてパブリックスペースがいまだに重要であるという事実を知らしめました。アラブ諸国の群集は、非民主的な縛りに対する市民の抵抗というかたちで街路に出ていきました。

エジプトでは、カイロのタヒール広場が人びとの抵抗運動の中心になりました。バーレーンの首都マナーマでは、パール広場という交通の結節点が市民蜂起の舞台となりました。2011年後半、バーレーン政府は広場を交差点に改造し、これ以上デモの集合場所として使われることを防ぐために軍隊に命じて中央のモニュメントを撤去してしまいました。これらの事例は、大衆が会する場として、いまだにパブリックスペースが重要であるということを強調しています[117]。

パブリックスペースは、民主的、文化的、象徴的であり続けています。今世紀、大衆を集めるためにも使われている新しいメディアやバーチャルなプラットフォームがあるにもかかわらず、パブリックスペースは人びとが集う場としての決定的な役割を担い続けているのです。

パブリックスペース研究センター

特定のプロジェクトにおける市当局とのコラボレーションによってかなりの数のパブリックスペース研究が発展した結果、この分野の基本的な研究を行う必要性が徐々に認識されるようになりました。2003年、ヤン・ゲールを所長としてパブリックスペース研究センターがコペンハーゲンのデンマーク王立芸術アカデミーの建築学部に設立されました。レアルダニア財団が「生き生きとして魅力的で、安全な都市環境を生み出す方法についての知見を増やしていく」ことを目的とした新しいセンターに資金を提供したのです[118]。

センターは、パブリックスペースの質的な計画とデザインのためのプラットフォームを提供する知見を生み出すという任務を課せられました。重要な研究プロジェクトを選択し、若い研究者を鍛えることによって、パブリックスペースとパブリックライフとの相互作用に関するよりたくさんの知見を得るというのがセンターの明確な目標で、その目標に向かってパブリックスペース分野の発展を支援しようとしました。「私たちはよいパブリックスペースを生み出すものについて知らなさすぎます。国際的にも、私たちはパブリックスペースの質的な計画とデザインのためのプラットフォームを提供する研究を必要としています。年月を重ねるにつれて、都市の活動はその性格を変え、新しいユーザーの集団が登場してきました。パブリックスペースにおけるパブリックライフはかつて必要活動が占めていたのに対して、今日では、自由活動やレクリエーション活動の占める割合が高くなっています。私たちは私たちの都市の新しい需要を生み出しながら、働き、暮らし、遊んでいます」[119]。都市のライフの発展は、綿密な調査によって支えられるということがすべての出発点でなくてはいけないのです。

*New City Life*は、パブリックスペース研究センターの研究プロジェクトとして実施されたもので、ある10年から次の10年に向かって、パブリックライフが次第にどのように変化したのかを記録したものです。当初は、この研究はコペンハーゲンの中心部から周辺までの全域のパブリックスペースを対象に実施されていました。1970年代と80年代には、人びとがまちなかにいる理由は、しばしば買い物のような特定の目的や活動と結びついていました。それらとは対照的に、今世紀の最初の10年間の後半以降のパブリックライフ研究は、都市で今生じていることとして理解される都市のライフや、その場所や社会全般で何が生じているのかを見つめること自体が望むべき都市生活の質となったことを示しています。レクリエーション活動はより重要になり、たとえば年ごとにカフェチェアの数が増えていくなど、都市空間の設えに反映されるようになりました。さらに、1990年代、そして今世紀に入って、都市の中心部外に新しいパブリックスペースが生み出されていき、研究対象エリアを拡大させました。新しいパブリックライフ研究や研究対象エリアの拡張の結果、パブリックスペースとパブリックライフ、それらの相互作用の変化と同様にその領域を捉える研究の必要性が強調されています[120]。

市当局は、通常、こうした類の基礎研究をカバーする予算を持っていません。したがって、パブリックライフ研究において手法を発展させ、基礎研究を行うことを保証する他の方法を見つけることが不可欠なのです。

パブリックライフ研究は、国際的にもますます認知されるようになりました。そのかなり幅広い領域を扱うという性格にもかかわらず、この分野はおおよそ確立されたと考えられています。特別な定義や高等教育機関における明確な位置づけのある分野ではありません。むしろ、建築の学校にかぎらず、人類学や社会学、地理学などの

文系分野の学際的なプログラムをもつ技術系大学など、多くの場所で研究に組み込まれるような分野なのです。

新技術、新手法

21世紀に入り、新しい技術が、パブリックライフとパブリックスペースとの相互作用の研究方法のさらなる発展をもたらしました。2000年ごろに、データ収集とインターネットの普及に関する飛躍的な発展がありました。新しい技術がパブリックライフ研究方法により広い選択肢を提供し、カメラや携帯電話、GPS発信機を使うケースが出てきたものの、観察はいまだに重要な方法です。

1990年代半ば以降のインターネットの普及は、都市におけるライフの性格を知ることができるデータへのアクセシビリティを高めました。たとえば、GPS情報や統計データなどです。グーグルストリートビューは、アイレベルでのスナップ写真を提供してくれますし、技術がない人でも使うことが可能なプログラムです[121]。他の高価な技術的解決とは違って、グーグルストリートビューは無料です。技術が発展し続けることで、新たな手法は安価に、使いやすくなっていきます。

技術系大学のGPSによる記録

パブリックライフ研究は、1960年代から1970年代に建築系の学校で開始されました。しかし、今世紀に入るころから、技術系の大学の研究者たちが、たとえば人びとがどこに行って、どこでどれくらい休んだかを明らかにしてくれるGPSなどの追跡技術を使って人びとの行動を自動的に計測する方法を導入するようになりました。

手作業での計測に比べて、GPS発信機はより大きな場所、より長い時間での行動や滞在を記録するために使うことができます。発信機は個々人のより正確な位置情報を提供してくれます。しかし、まだ3から5mのずれ幅があり、この技術は広場で人びとがどこにいるのか、建物の中なのか外なのかといったことを正確に知るのには向いていないのです。

GPSは大きな絵を説明してくれます。典型的には、パブリックスペースでの行動の記録に使われます。記録された人間が送信者でもあります。つまり、彼らはボランティアで装置を身に着け、参加しないといけないのです。シンプルな観察調査に比べて、面倒なものとなります。加えて、装置は比較的高価です。日ごろからつねに身に着けている携帯電話のGPSが普及することで、この

GPS　トラッキング

人びとの後を追跡したり尾行したりするかわりに、彼らにGPSを持ってもらいます。GPSは位置測定プログラムと同期させて、行動やその時間、滞留についての情報を集めるために使われます。GPSはアメリカの軍隊で開発され、1990年半ばには市民が使えるようになりました。ジョギングルートを記録したりするなどさまざまなサービスが開発されましたが、都市における人びとの行動の研究にも大いに使われるようになりました。尾行では人手がかかりすぎる広い領域での長い期間にわたる調査にはとくに有効です。

パブリックスペースでの人びとの行動をGPSで記録したプロジェクトのひとつに、デンマークのアルボーグ大学のヘンリック・ハーダーのプロジェクトがあります。ハーダーは特別なGPSとGPS付携帯電話を使用して、記録だけでなく動作中にも質問ができるようにしました[123]。

状況は変わるかもしれません[122]。

GPSパブリックライフ研究のパイオニアたちは、オランダのステファン・ファン・デル・スペック (Stefan van der Spek) と協働するデルフト工科大学、MIT、ノーム・ショバル (Noam Shoval) らのエルサレム・ヘブリュー大学、ヘンリック・ハーダー (Henrik Harder) のいるデンマークのアルボーグ大学などにいて、パブリックスペースでの行動をマッピングする技術を使ってきたのです。

数学的手法──スペースシンタックス

スペースシンタックスは空間構成を分析する理論と技術の組み合わせで、もともとは建築家が自分のデザインの社会的な影響をシミュレートするために生み出されたものです。人びとの行動を直接観察する研究とは対照的に、スペースシンタックスは数学的モデルを用いて間接的にライフを見ています。人びとがどこに向かいそうか、どちらの経路を選びそうか、どれくらいの割合でそうするのか、といったことを予測するために、あるモデルでデータを処理します。

スペースシンタックスの最も重要な道具は、人びとの行動に関するいくつかの原理で成り立っているコンピュータプログラムです。原理は観察によるデータにもとづいています。スペースシンタックスは都市自体において用いられるものではありませんが、図面作成とアクセシビリティのさまざまな次数のための基礎を提供するデータは、人間行動の直接的な観察に由来しているのです。都市構造との関係で人びとがどう行動するのかについての知見は、スペースシンタックスに使うコンピュータプログラムに変換されます。たとえば、ある街路をどれくらいの人が歩くのか、その確率を計算するのです。

ビル・ヒリアー (Bill Hillier) らの*The Social Logic of Space*（1984）は、スペースシンタックスの教科書です[124]。そのタイトルは、ヒリアーやロンドン大学 (UCL) バーレット校の仲間たちの数学的な焦点を教えてくれます。彼らは論理を探求しているのです。この本は1980年代の半ばには出版されていましたが、スペースシンタックスがパブリックライフ研究を対象とするようになる今世紀初頭以前は、大量のデータを扱うことのできるコンピュータプログラムの方が未発達でした。

建築および都市形態学の教授であるヒリアーは、スペースシンタックスの学術面での生みの親であり、一方で建築家のティム・ストーナー (Tim Stonor) が主要な実践者です。1995年、ストーナーはUCLにスペースシンタックス研究所を設立し、翌年には研究所の民間コンサルティング部門であるスペースシンタックス株式会社の取締役になりました。パブリックライフ研究の他の分野と同じように、スペースシンタックスは研究と実践との密接な関係のもとで動いています。最近では、スペースシンタックスのアプローチは多くの国で見られるようになっています。方法論は人びとの行動にぐっと絞り込む方向から、機能や建物の密度などの他の要素も考慮する方向に移行しています[125]。

典型的なスペースシンタックスの出版物は、カラフルな地図によって地区や都市のスケールで道のつながっている箇所を示します。暖色が濃くなると、そのエリアで人びとの活動が起きる可能性が高まります。線は密度によっても変化します。たとえば、他の街路とたくさんつながっている街路は、多くの場所からアクセスしやすく、通常、赤色で、多くの線が交差しています。反対に、行き止まりの街路やほかの街路とあまりつながっていない街路は通常、孤立した細い線で表現されます。

スペースシンタックスの地図は専門家以外が読み解くのは難しいこともあります。手作業のパブリックライフ研究に比べて、スペースシンタックス研究はより抽象的です。手法自体の数学的な内容と、データを扱うコンピュータのプログラミングは、この手法をより専門家に依存したものにしています。スペースシンタックスは都市のライフと形態との相互作用の研究ですが、基本的な価値観の部分で、伝統的な手作業のパブリックライフ研究からは逸脱したものです。都市は見られるべきもので、アイレベルで描写されるべきだという考えは、伝統を重んじる専門家にとっては譲れないところです。都市の現場にいるということがライフと形態との相互作用を理解するうえでの前提であり、理想的にはコミュニケーションの方法や手段は比較的シンプルであるべきなのです。

自動、それとも手動？

この節は、GPSやスペースシンタックス、パブリックライフ研究の技術的な発展のより一般的な影響について、2012年に書いたものです。先進的な技術による解決は、全体としてはいまだ未熟な状態です。信頼できる結果を生み出し、膨大な量のデータを扱うソフトウェアを設計し、非専門家も参加できるようにすることがこれからの課題です。この種の専門化は、誰もが使えるシンプルな道具、方法を強調する「パブリックライフ研究のバークレー／コペンハーゲン・スクール」とはまったく対照的です。しかし、だからといって、新しい技術が将来のパブリックライフ研究に建設的な貢献をしないというわけではありません。ほんの数年以内に装置の値段が下がり、装置の使い方やデータの処理の仕方がよりシンプルになることを期待するのは無理のあることではありません。この発展は、スペースシンタックスやGPS研究

　スペースシンタックスのコンサルティング会社はロンドンのストラトフォードのオリンピックシティのマスタープラン作成に参加し、オリンピックエリア内外との接続の分析を行いました。
　この地図は歩行者、自転車、自動車がどのルートを選ぶか、どのパブリックスペースが使われそうか、あるいは使わなさそうかといった確率をコンピュータのプログラムを用いて計算し、作成したものです。色の違いは、青は最も確率が低い、赤は最も確率が高いといった指標となっています。スペースシンタックスの代表取締役であるティム・ストーナーは、地図について次のように書いています。
　「この地図はロンドン市民が空間をどのように移動し影響を及ぼし合っているのか、物語やアイデアを共有しているのか、創造的であったり革新的であったりするのか、つまり街路やパブリックスペースでの社会的、経済的なネットワークを示しています」[126]。
　この地図はスペースシンタックス研究の原点がパブリックライフとパブリックスペースの相互作用にあることを示しています。しかし、情報の示し方は、パブリックライフ研究に典型的なアイレベルでの都市生活や状況というかたちにはなっていません。スペースシンタックスはむしろより技術的で、論理的で、抽象的なパブリックライフ研究なのです。

Degree of accessibility

High

Low

や同種の方法がより多くの人びとにとっての道具として手に取りやすくなることを意味します。現時点では、パブリックスペースとパブリックライフを研究するための自動化された技術、装置は、まず技術系の大学で見られるのです。

　自動化されたデータ収集は、観察者がもはや物理的にはパブリックスペースに現れることがないということを意味していますが、そのことはその後の解釈に影響を及ぼします。私たちはさらなる解釈に関してより繊細な内容を含む、見たままの抽象的なデータあるいは具体的なデータについて話しているのですよね？　ライフは多様で、予測がつかず、そのニュアンスや複雑さは自動化された収集方法では実際のところ、把握できません。

　伝統的な手作業でのパブリックライフ研究者にとって、手法を発展させるための基本的な教えは、都市に来て経験し、つながりを発見し、パブリックスペースとパブリックライフの相互用作用を観察するということにあります。

　21世紀になり、生活や労働環境を考えるにあたって、都市の形態とライフとの結びつきの要件を満たすことは当たり前のことになっています。かつては見逃してしまっていたものに焦点を当てる方法として、手作業、自動化両方の広がりがあります。しかし、私たちが都市の形態とライフとの相互作用をマネジメントしてきたとはまだまだ言えそうにありません。都市のライフの把握に向けた繊細で確固たる焦点を絞った努力を続ける必要があるのです。

過去の都市生活

　中世において、都市の建設はおおよそ人間のニーズの中心にありました。職人精神、知識、経験はある世代から次の世代に継承され、全員が徒歩で移動していた中世都市の公の舞台とそこでのパブリックライフにおいて活用されていました。

　モダニズムの勃興と自動車は、関心の中心を都市におけるライフから引き離しました。1960年代に入り、この変化に反応した研究者たちの著作や方法がパブリックライフ研究の礎を築きました。彼らの原点は、都市に出て、都市のライフを観察し、その観察から学ぶという

The Social Logic of Space（1984）

　1984年、スペースシンタックスの父であるビル・ヒリアーは、ジュリエン・ハンソン（Julienne Hanson）とともに*The Social Logic of Space*という、スペースシンタックスのテキストブックと考えられる著作を出版しました[127]。彼らは社会生活と都市の構造との結びつきを研究しました。タイトルが示唆しているように、その原点は他のパブリックライフ研究のパイオニアのように、個人的なものだったり、活動家的なものであったりしたわけではありません。社会の論理を地図化するために、彼らは人びとがどのようにパブリックスペースを歩いているか観察をし、GPSのデータも取得しました。目標はデータをある程度定量化し、将来の建物や地区において人びとがどこを歩くのか、その確率をコンピューターに計算させることです。

　ヒリアーの本の出版により、パブリックライフ研究の分野での新たな技術の選択肢と、1980年代にはじまるパブリックスペースとパブリックライフへのより抽象的、論理的な方法が生み出されました。

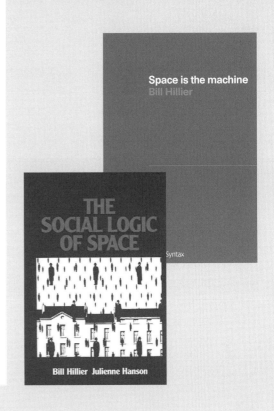

ものでした。

　社会における課題の移り変わりとともに、市議会や都市計画家は、1980年代末からの都市間競争において彼らの都市の力を強化するために、パブリックライフ研究を受け入れるようになっていきました。持続可能性や健康、社会的責任などの、よりソフトなテーマが都市の論点をリードするようになり、パブリックライフ研究はそのいずれともいっそう関係性の深いものになっていきました。経済のような確立した価値もまた、ますます激しくなっていく都市間競争において納税者、観光客、投資家らを惹きつける目的で、行政がパブリックライフ研究を都市の生活の発展を記録する道具として用いることを奨励することになりました。パブリックライフとパブリックスペースの相互作用を取り入れることが当たり前になった一方で、パブリックライフ研究は、21世紀の現時点において、決してすべての都市が使えるような状態になっているわけではありません。

アイレベルでの学際的観察

　直接の観察はパブリックスペースとパブリックライフの相互作用を研究するための第一の手法です。そのポイントは、歩行者のアイレベルで都市を見ることです。飛行機から抽象的な形態を見ることでも、スクリーン上のコンピュータが生み出す線を見ることでもありません。アイレベルで都市を見られるようになるには、調査と実践とを繰り返しながら、都市のライフとスペースとの相互作用を見出すいくつかの技術が必要です。

　この種のパブリックスペース・パブリックライフ研究に最初に取り組んだのは、アングロサクソンとスカンジナビアの研究者でした。彼らは実用主義的なアプローチで知られています。つまり、理論との結びつきはルーズなのですが、そのことはすでにある学問に拘束されないということを意味しています。振り返ってみると、パブリックライフ研究は1960年代にはマルクス主義の理解の枠組みに、前世紀の終わりにはフランス哲学の基本的な理論に合わせるべきではないかと意見する人がいたかもしれません。こうした理論的なプラットフォームはひとつの選択肢ではありましたが、パブリックライフのパイオニアたちは理論的であるよりも、実用主義的でした。

　ポイントは、学術的な枠組みのなかでパブリックライフ研究について何かを書くよりも、都市に入っていって調査と実践とを繰り返すなかで、手法を覚え、発展させていったということです。ジェイン・ジェイコブズが書いているように、「都市は、都市建設やデザインにおける試行錯誤、失敗と成功の大きな実験場です。都市計画がその理論を学び、かたちづくり、試してみる研究室なのです」[128]。

ゲール、ホワイト、その他多くの人びとは、その後、ジェイコブズの関心を実現可能なものにしていったのです。

消滅寸前の都市の憂鬱から『人間の街』へ

　パブリックスペースとパブリックライフに関する著作のタイトルをざっと眺めてみることで、「助けを求める叫び」から「確立された分野」へという展開を把握することができます。

　すでに1961年のジェイン・ジェイコブズの本『アメリカ大都市の死と生』は、元気な声で招集をかけていました。ヤン・ゲールは、その10年後に、建物のあいだのアクティビティに関して新たに獲得した知識についての本において、この課題を体系化し、操作可能なものにしました。それに続く20年間は、パブリックライフ、およびパブリックスペースとの相互作用に関する基本的な知識とその研究方法とを確立し、互いを関係づけることが目標でした。ライフはウィリアム・H・ホワイトの1980年の*The Social Life of Small Urban Spaces*のエッセンスでした。クレア・クーパー・マーカスが、1986年に出版した書籍の論争的なタイトル『人間のための住環境デザイン』で説明したように、都市計画においてパブリックライフへの考慮が欠如していることを認識させる必要があったのです。

　都市におけるライフとそれを真剣に扱う必要性についての認識が確立されると、パブリックスペースや、特定の地区、場所が本のタイトルに入っていくようになりました。ホワイトはすでに小さな公共空間を、ゲールは建物の間のライフについて扱っていました。アラン・ジェイコブスは1995年に出版した*Great Streets*で街路を取り上げました。ゲールとゲムスーは2000年の書籍で「新しい公共空間」に焦点を当てました。ライフはこの時期の本のタイトルには入っていませんし、ユーザーに焦点を当てたアプローチが特徴のPPSが2000年に出版した『オープンスペースを魅力的にする』にも入っていません。このことは、パブリックライフ研究が次第に建築や都市計画分野で確立していったこと、1960年代や1970年代にはあった社会学や心理学との関係がもはや失われたことを表しています。また、分野が確立されて、研究者や書籍がより専門化したということでもあります。

　歴史的なパースペクティブによって、書籍のタイトルがこの分野の段階的な確立を反映していることが見えてきます。パブリックスペースとパブリックライフの研究のための手法を扱った本がたくさん出版されました。たとえば、観察を扱ったアラン・ジェイコブスの*Looking at Cities*(1985)、パブリックライフの知識が広ることの問題についてのボッセルマンの*Representations of*

Places (1998)、一方でこの話題とともにパブリックスペースとパブリックライフの相互作用を研究する方法についても扱ったゲールとゲムスーのPublic Space / Public Life (1995) などです。

コペンハーゲンのパブリックライフを研究してきた40年の間に見られた変化を記録する時期が来たと考えて、2006年にゲールとゲムスーらは再び、このテーマを取り上げました。しかし、このときはNew Public Lifeに焦点を当てました。パブリックライフの性格が必要活動から、いわゆる任意活動へと移行していたのです。

2008年、ボッセルマンはパブリックスペースとパブリックライフとの間の相互作用に関する研究の大きな蓄積を振り返るUrban Transformationを出版しました。2010年、ヤン・ゲールは『人間の街』において、40年間におよぶパブリックライフ研究をまとめ、1960年代末から今日までのパブリックスペースとパブリックライフの相互作用についての世界中でのさまざまな事例を紹介しました。何十年かにわたる仕事が記録されたということは、この分野が確立されたということの証拠です。同時に、パブリックスペースとパブリックライフ研究の分野において、パイオニアたちはまだ影響力を保ち続けているということでもあるのです。

スウェーデンのマルモのBoo1水辺地区は、パブリックスペースとパブリックライフとの相互作用の知見が、個々の都市空間や建築のみならず、都市のマスタープランに取り入れられた好例。結果として、現代的な装いを持つ、魅力的な界隈となっている。

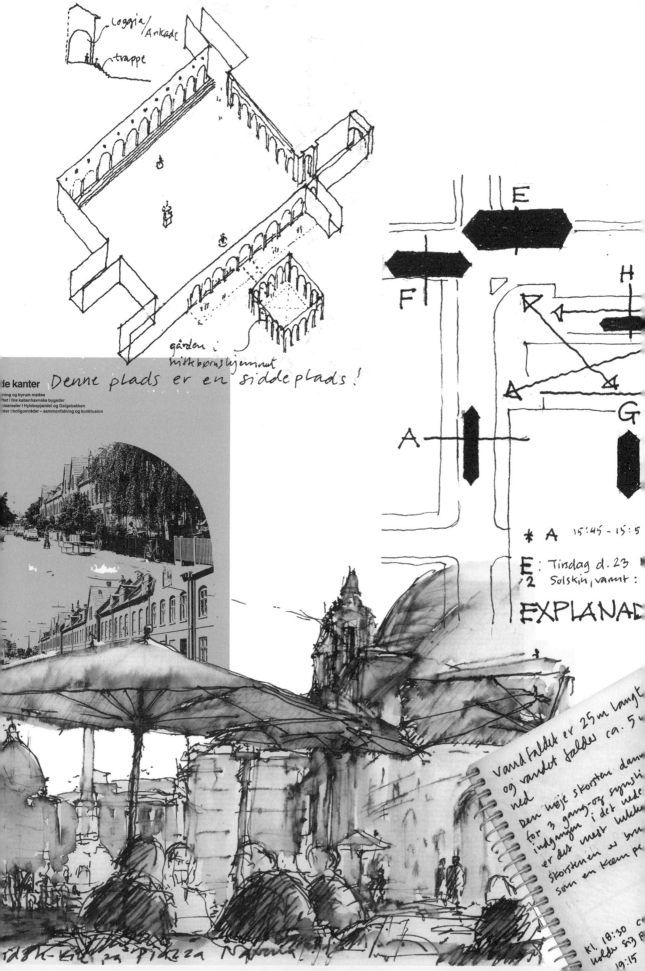

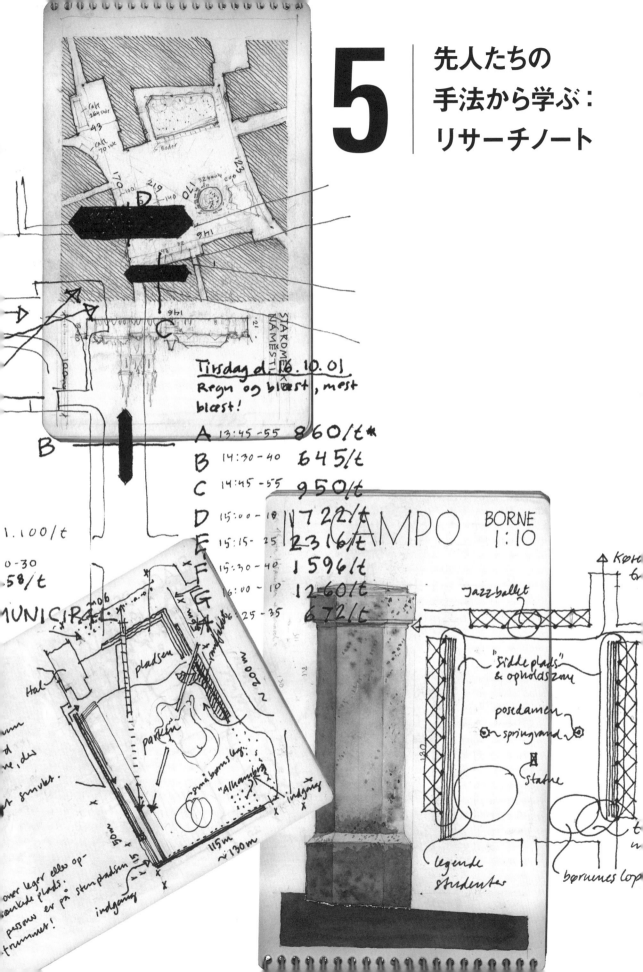

5 | 先人たちの手法から学ぶ：リサーチノート

パブリックライフの研究方法は、パブリックスペースでの人びとの行動に関する本を読んで理解したり、理論を学んだりすることが考えられますが、現場で観察をするという方法はこれらとはまったく違ったアプローチです。

この章はパブリックライフを研究するためのさまざまな手法を書き留めた先人たちのノートのなかから、敷地の選び方や具体的な観察の方法などの役に立つページを集めたものです。豊富な事例はパブリックライフの研究の幅広さを感じさせてくれると同時に、研究のインスピレーションを与えてくれるでしょう。

各事例にはパブリックライフの研究手法の考え方や注意点が示されています。さまざまな手法を応用し、それぞれの状況に応じた研究現場での記録をできるかぎり多く集めています。個々の事例の結果がどうであったかということよりも、むしろ手法の選び方や適応の仕方に着目することが大切でしょう。事例のなかには、さらに広範囲の研究方法に触れているものもあります。

この章で取り上げる実践事例は、パブリックライフとパブリックスペースがいかに相互に関係しあっているのかを示す基礎的な資料です。事例の多くは著者であるヤン・ゲールとビアギッテ・スヴァア、そしてゲール・アーキテクツによるものですが、新たな方法を開拓してきた他の研究者らによる事例も加えています。

それぞれの事例には、研究の名称とあわせて、誰が、どこで、いつ、どのように研究したのかが示されています。また、研究の内容が出版されている場合には、その出典も記載して、原著で方法を参照できるようにしてあります。

パブリックライフの研究手法は、それぞれの目的や対象の状況にあわせて応用され、調整され、採用されている。左ページの写真は、さまざまな都市での観察の様子である。
上段左｜オーストラリア・パースでの調査（1978年）。
上段右｜中国・重慶での調査（2010年）。
中段左｜オーストラリア・アデレードでのカウント調査（2011年）。
中段右｜オーストラリア・メルボルンでヤン・ゲールが写真撮影をしている様子（2013年）。
下段｜インド・チェンナイでパブリックライフを記述している様子（2010年）。

立つのに適した場所
―― 広場における佇みたくなる場所の調査

誰が	ヤン・ゲール
どこで	ポポロ広場、アスコリ・ピチェーノ、イタリア
いつ	1965年12月10日（金）午後5時30分
どのように	行動マッピング
出典	Jan Gehl together with Ingrid Gehl, "Mennesker I byer" (People in Cities, In Danish), *Arkitekten*, 21/1996[1]

　パブリックスペースでの行動は、基本的には動的なものと静的なもののふたつに分けることができます。動的な行動は単純に調査範囲の歩行者の数をカウントするだけで記録することができます。しかし、静的な行動を把握するためには、カウントの方法を工夫する必要があります。行動マッピングはシンプルな手法であり、大きすぎない空間での静的な行動を把握するのに適しています。

　1965年にイタリアのアスコリ・ピチェーノのポポロ広場で行われた調査では、「立つ」という行動に着目し、行動マッピングの手法が実践されました。広場で立ち止まっているすべての人びとの場所をプロットするためには、観察者は広場全体が見渡せる位置で観察を行うことが必要です。

　この調査は気温9℃とやや寒い12月の午後5時半に、ポポロ広場で10分間行われました。記録された206人のうち、105人は広場を通りすぎ、101人は立ち止まっていました。

　他の調査結果と同様にポポロ広場でも、歩行者は広場を行き交い、立ち止まっている人たちは広場の隅っこを慎重に選んで利用していました。

　立ち止まる人たちに明らかに好まれている場所は、回廊の柱のそば、回廊の下、建物のファサード沿いでした。広場中央に立っていたのはすべて会話をしている人たちでした。街角で知り合いに会うと立ち話をするように、広場の中央でもそのような行動が見られました。

　この調査結果は広場のエッジ部分の重要性を示しており、このことはパブリックライフとパブリックスペースの相互作用を理解するためのひとつの鍵となります。

　パブリックスペースでの静的な利用の位置づけを理解するためにポポロ広場で行われた行動マッピングの結果から、建築物や空間デザインと人びとの静的な利用との関係性をいくつかのパターンとして把握することができました。このような調査結果から、人びとはエッジ部分に溜まりやすいということが明らかとなりました。これは「エッジ効果」と言われるものです[2]。行動マッピングはパブリックスペースで人びとがどのように滞留する場所を選んでいるかを明らかにできるひとつの有効な手法であるといえます。

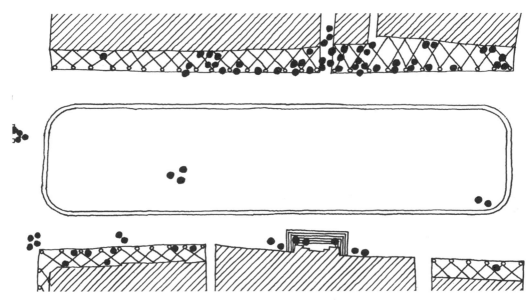

平面図と写真｜イタリア・アスコリ・ピチェーノのポポロ広場（1965年）
上段｜調査時に広場に立っていたすべての人を平面図に示した行動マッピングの結果から人びとがどの位置にいたのかが把握できる。
下段｜人びとは、薄暗がりや柱の脇など、広場が見渡せてかつ部分的に隠れられるような場所を慎重に選択している[3]。

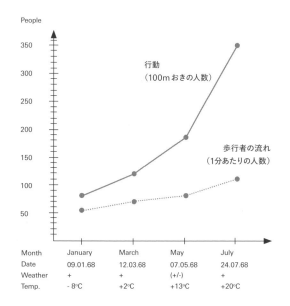

Arkitekten no. 20/1968
コペンハーゲンの主要な歩行者道路ストロイエの1月から7月の歩行者の移動と活動レベル（混み具合）の関係を示したグラフ。破線は1分ごと（昼間）の平均歩行者数を示している。実線は100m間の歩行者、立っている人、座っている人の平均人数を示している。滞在時間や人数を含んだこのような記録は歩行エリアを評価するために用いられる。

1｜1月9日午後3時、気温−8℃のストロイエでの活動。1分間に観察された歩行者は70人で、歩く平均速度は62秒／100mであった。天候は寒く、人びとは暖かさを保つために歩き続けなければならなかった。歩行者はエリア内に平均124秒間滞在した。

2｜7月24日午後3時、気温20℃のストロイエでの活動。1分間に観察された歩行者は125人で、歩く平均速度は85秒／100mであった。歩行者がエリア内にいたのは平均170秒間であった。夏には歩くスピードが低下するため、夏に冬と同じ歩行者が観察された場合、35%多くの歩行者がいるということを意味している[4]。

コペンハーゲンの主要な歩行者道であるストロイエ。1967年の夏と冬の様子

いつ、誰が、どれくらいの速さで、歩いているのか？

――歩行者の属性や季節の違いが歩くスピードに与える影響の調査

誰が	ヤン・ゲール
どこで	ストロイエの歩行者道路、コペンハーゲン、デンマーク
いつ	1967年1月、3月、5月、7月
どのように	追跡調査
出典	Jan Gehl, "Mennesker til fods" (People on Foot. In Danish), *Arkitekten* 20/1968[5]

　人びとがパブリックスペースでどのくらいの速さで歩くかを知るのは重要なことです。歩くスピードによって5分間で移動できる距離は大きく変わってきます。季節が歩くテンポに与える影響を調査するために、1967年の夏と冬にコペンハーゲンの主要な歩行者道路であるストロイエで調査を行いました。

　速く歩いていた人は、目的がはっきりしていて、おもにひとりで歩いている男性でした。100mをたった48秒（125m／分）で歩いていました。速く歩く人は500mをだいたい5分間で歩きます（6km／時）。

　ゆっくり歩いていた人は、高齢者、障害のある人、小さい子ども連れの家族、そしてゆっくりと散歩をしている人たちでした。記録されたなかで最も遅かったのは、パトロールをしている警官で、100mを137秒（2.5km／時）かけて歩いていました。

　街路を歩くテンポは、単純に「追跡」するという方法で記録することができます。観察者はまず100mあるいは200mを測定し、歩道上の調査対象エリアの始点と終点に目立たないようにチョークでマークを付けておきます。観察者はストップウォッチで対象者がマークをつけたエリアにいる間、後をつけて時間を測定します。このとき、観察者は対象者と適切な距離を保って追跡します。観察者は、対象者がスタート地点にくる前に対象者のテンポにあわせて後を歩き、ストップウォッチで対象者がその距離を歩くのにかかった時間を記録します。

　最も速いスピードと最も遅いスピードで歩いている人を選んで記録するのは容易ですが、対象エリアを歩いている人の平均的なスピードを測定することもまた重要です。そのためには、多くの人（たとえば100人程度）を無作為に選んで追跡する必要があります。もしくは、観察者が平均値を計算できる十分な記録が収集できるまで、5番目に「調査対象エリア」に入ってきた人を対象に調査するという方法を用いることによって、歩行者のランダムな選択が可能になります。

　歩行速度の平均を計算すると、日、週、年によっておもしろい変化があることに気づくでしょう。コペンハーゲンのメインストリートであるストロイエでは、人びとは午前と午後に速く歩き、昼頃はゆっくりと歩きます。また、週末よりも平日の方がより速く歩く傾向があります。

　年間を通しても大きな変化が見られます。ストロイエを歩く人は夏よりも比較的寒い季節に速く歩いています。1月には100mを歩く平均速度が62秒であるのに対し、7月では85秒かかっています。たいていの場合、人びとは暖かさを保つために寒いときにより速く歩きますが、さらに冬の歩行者は夏よりも目的のはっきりとした人が多いという傾向があります。夏には多くの人がただ散歩を楽しむために外出しているのです。

　人びとの歩くスピードによってパブリックライフの特徴を把握することができます。急いでいるとき、歩行者はかなり速いスピードで移動しています。反対に通りをのんびりと歩いている人は、観察者の視界に長く留まることになります。これは、道路上に同じ人数の人がいたとしても、冬よりも夏の方がより活気を感じるということを意味しています。

　コペンハーゲンの歩道では、歩行者は冬よりも夏の方が35％ゆっくりと歩きます。この差は、冬よりも夏の方が35％多くの人が観察されたとしても、実際は歩行道路上の人数が多いわけではなく、ゆっくり歩く人が多いということを意味しているのです。

右図｜コペンハーゲンの広場の平面図。歩行者の出入りを1968年3月のある水曜日に午後4時から4時半の間に記録した。線は正確に描かれてはいないが、おもな行動の傾向を示している[6]。もしこの行動の記録を1日通して行えば、個別の行動についても観察することができ、また1日のなかでの違いを比較することもできる。1日を通した行動の図面をつくるために、記録を重ねて行うこともできる。これは、異なった日、平日／週末、夏／冬などの違いを調査するときにも用いることができる。

下に示している2013年の冬の広場の写真にある足跡から、雪であっても人びとは公園の真ん中を横切ることがわかる。

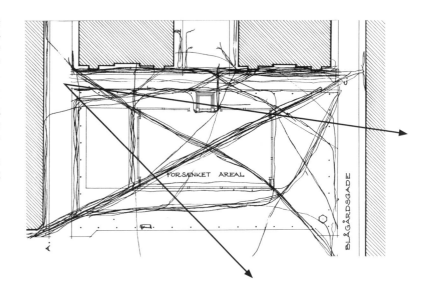

近道

——広場を横切る行動パターンの調査

誰が	ヤン・ゲール
どこで	ブロゴー広場、コペンハーゲン、デンマーク
いつ	1966年 3月の午後
どのように	線で描く
出典	Jan Gehl, "Mennesker til fods" (People on Foot. In Danish), *Arkitekten* 20/1968[7]

1968年にコペンハーゲンのブロゴー広場で行われたこの行動調査には、ふたつの目的がありました。それは、公園を横切るのにどのルートを選ぶのかを観察することと、公園の真ん中にある4段のくぼみが歩行ルートの選択に与える影響を明らかにすることです。

公園がよく見える建物の2階の窓から観察を行い、公園の図面上にすべての歩行者の行動を線で表すという調査を行いました。

観察開始からわずか30分後、描かれた線から主要な行動の傾向が明らかになりました。公園を斜めに横切るルートは、4段のくぼみを上り下りしなければなりませんが、ほぼすべての歩行者がこの最短ルートを選んでいました。くぼみを避けて、その周りを通った歩行者は、ベビーカーを押している人か自転車を押している人でした。

夕方になると別の傾向が見られました。公園を横切るほぼすべての歩行者は、照明で照らされた公園の端の明るいところを歩き、公園の真ん中の暗いところを歩く人はほとんどいませんでした。

多くの人たちが
パブリックスペースで
すごす本当の理由
―― 公共空間のアクティビティとそこにいる理由の調査

誰が	ヤン・ゲール
どこで	イタリアとデンマークの都心部
いつ	1965年から1966年
どのように	写真整理法
出典	Jan Gehl and Ingrid Gehl, "Mennesker i byer" (People on Foot, In Danish), *Arkitekten*, 21/1966[8]

　1965年、ヤン・ゲールはパブリックスペースとパブリックライフの相互関係に関する基礎的な資料収集のために、イタリアで6ヵ月におよぶ調査を行いました。これらの写真はこの調査で撮影されたものです。

　調査の早い段階から、人びとがパブリックスペースで過ごす実質的な理由というものは、つねにあるわけではないということが分かってきました。もし、人びとになぜパブリックスペースにいるのかを尋ねれば、買い物や何らかの用事があって街に出てきたと答えるかもしれません。パブリックスペースに人びとがいる理由について、理にかなった説明をするならば、その多くは用事と娯楽とを合わせた活動パターンであるということができます。しかしこのとき、人びとがパブリックスペースにいる本当の理由とは、他の人びとのパブリックライフを見るためでもあるのです。次のページのイタリア（ひとつはデンマーク）の写真の人びとがパブリックスペースに滞留している理由はひとつではなく、行動の曖昧さが見てとれます。

　最近の研究ではデータを用いて結論を導き出していますが、初期の研究では写真からなぜパブリックスペースに人びとがいるのかという理由を検証していました。

　長い時間をかけてパブリックスペースを観察し、写真を撮りながら、目と耳を使って注意深く情報を集めていくうちに、人びとの多くは何か必要性のある行動の延長としてそこにいるのだということがわかってきました。人びとは何か目的があって家を出るわけですが、たいていの場合、パブリックスペースに人が集まるのは、単純にその場にいたいからです。言い換えると、パブリックスペースでの見る／見られるの関係性が人びとを惹きつけているということです。

　観察を通じて、パブリックスペースには何か特別の魅力が備わっていることがわかりました。この「何か」とは大きな植物のディスプレイや噴水である必要はありません。公共空間での活動を生み出すためには、座るためのベンチがあることや人を楽しませる2、3羽のハトがいるだけで十分です。しかし、最も重要な要素とは、そこに人びとがいるということです。

　写真はパブリックスペースとそこでのさまざまなアクティビティの関係性を示す有効な手段です。そこからは人びとの活動がパブリックスペースや建物によってどのように支えられ、または妨げられているのかということを読みとることができます。歴史的な建築物の写真とは対照的に、このような写真においては、個々の建築物ではなく、そこで展開されているパブリックライフが主役となります。

長年にわたって、ヤン・ゲールは都市の人びとの行動による小さな無数の場面を捉えてきた。写真がデジタルになる前の1960年代半ばからこれらの写真は撮影されている。当時は写真を撮り、プリントするのは高価だったため、それだけに当時の写真は慎重に選ばれたものとなっている。

人びとにとっての都市機能

Jan Gehl and Ingrid Gehl, "Mennesker i byer" ("People in Cities", In Danish), *Arkitekten*, 21/1966[9]

社会承認の要求。そぞろ歩くことは見る／見られるの要求を満たす方法のひとつ。（ローマ、イタリア）

新聞は都市の充実した場所にいる理由として使われる便利な小道具。（マントヴァ、イタリア）

受け身の要求。都市の活動場所は受け身の人びとに高く受け入れられる状況を提供する。（ルッカ、イタリア）

遊んでいる子どもを見るのは母親が公共空間に留まる一番の理由になる。（ブロゴー広場、コペンハーゲン、デンマーク）

運動、光、空気の要求。これらの要求は、他の多くの場所で満たされており、二次的なものである。（アレッツォ、イタリア）

ハトに餌をやるということは散歩の目的にも、あるいはそのもっともらしい言い訳にもなる。（ミラノ、イタリア）

理論と実践
――新しい居住地域での歩行パターンの調査

誰が	ヤン・ゲールと歩行中のファブリン親子
どこで	南アルバツロン、デンマーク
いつ	1969年1月
どのように	追跡調査
出典	Jan Gehl, "En gennemgang af Albertsland" ("Walking through Albertsland", In Danish), *Landskab*, 2/1969[10]

　コペンハーゲンの西の郊外にある新しい住宅団地南アルバツロンは、1960年代の初めに、交通安全に対応するために徹底した歩車分離の理論にもとづいて建設されました。車は歩道がまったくない道を通り、一方、歩行者には団地内をつなぐ通路や地下道によって自宅まで車を気にせずに歩ける動線が用意されました。理論的には誰にとっても完璧に安全な交通システムです。

　このシステムは図面上の検討では完璧でしたが、実際に歩行者と車の分離はきちんと機能したのでしょうか。住民たちは実際にどのように歩いたのでしょうか。すでに建設当初からこの交通システムが計画通りに機能しないのではないかということを示す兆候がありました。若者からお年寄りまで、住民たちは車の乗り入れが禁止された歩行者路を使うだけでなく、交通安全を配慮せずに最短のルートを使うという傾向が見られたのです。この交通システムでは歩行者路はたしかに車と接触することはありませんでしたが、その代わり多くのう回や遠回りをしなければならなかったのです。

　この交通システムの問題点を明らかにするために、現地での実証調査が行われました。この住宅団地から離れたところに住むある母と子は、街の中心街で買い物をする際によく団地内を通り抜けていました。この親子に許可を得て、ランダムに選ばれた調査日に観察者が写真を撮りながら、利用ルート、時間、よい点、問題点を記録しました。1.3kmを31分かけて歩いたこの親子の歩行パターンからは、車道なのか、駐車場を通るのか、歩道に沿うのかといったことは配慮されず、直線的に目的地に向かって歩いていることがわかりました。

　調査の結果を総合すると、親子が歩いたルートの3分の1ほどは歩行者が通ることが想定されていない場所でした。また、そのルートには、自動車が歩行者の往来に配慮しなくてもよいようにつくられた自動車専用道をいくつか横切る箇所も含まれていました。その親子の歩いたルートは、交通工学の技術的な理論と実際の居住者の行動とは大きく異なっていることを実証するものでした。

　近年、このような「交通安全」をうたった地域では、車道での歩行者と車との接触による交通事故発生件数の増加が問題となっています。南アルバツロンの交通システムも、数年後には全面的に見直されることになりました。すべてを分離するという理論ではなく、その地域の人びとが実際に使っているルートに対応して、さまざまな交通手段の統合と共存を図るような新しい交通システムが採用されています。

1969年1月の南アルバツロン。コペンハーゲンの西15kmに位置する南アルバツロンの住宅地は1963―1968年にソフト、ハードの交通の分離システムを用いてフェレズタイナストゥーンによりデザインされた[11]。

380mの歩行禁止区間

Jan Gehl, "En gennemgang af Albertslund", (Walking through Albertslund. In Danish), *Landskab* 2/1969[12]

そこに住んでいない人びとはアルバツロンの4分の1を占め、長く均一的で、白く塗られた歩行者道に批判的だったが、テーヴェとピーターのファブリン親子にとってはなんの問題もなかった。アルバツロンには、100%の安全が確保された歩行者ネットワークがあったが、ファブリン親子はそのルートを使わない。彼らはいつも駐車場を抜け、車がものすごいスピードで行き交う主要道路であるスレトブロヴァイを通る。

プランナーが歩行者のために設計した地下道ではなく、その上をスレトブロヴァイに沿って歩き続ける。道の両脇の地下道の位置を示す低く白い壁からは、歩行者道がよく見えるが、急いでいるためそれを楽しむ暇もない。

その親子はスワン地区に着くと右に曲がり、さっと車道を渡った。このルートから読みとれることは、一番短く歩きやすい道を通りたいという単純な気持ちと、アルバツロンでは車が一番楽な交通手段だということではないだろうか。

本来は歩行者の立ち入れない、車のための380mの道のりを経て、彼らは駐車場へ着くと左に曲がり、初めてアルバツロンの歩行者路に入った。いくつかの建物のそばを通って階段を下り、教会の建設予定地を通り抜けると、アルバツロンの主要幹線道であるキャナル通りに到着する。

写真は、この歩き方のパターンに関する一連のリサーチから重要な要素を含んだものを選んだ。

アクション・リサーチ
――1日にして人がいない砂利の敷かれた空き地から活動的な遊び場をつくり出す

誰が	地域の住民とコペンハーゲン大学の学生
どこで	グラドサクソ団地というデンマークのコペンハーゲン郊外に新たに建設された集合住宅
いつ	1969年4月29日土曜日
どのように	アクション・リサーチ
出典	Gehl et al, "SPAS4. Konstruktionen i Høje Gladsaxe" (*SPAS4. The Construction in Høje Gladsaxe*. In Danish), Akademisk Forlag 1969[13]

「高層階の父親たち」はグラドサクソに新たに建設された13階建ての集合住宅に対する重要な評論のタイトルです。その論評は、ヤン・ゲールによって1967年にジャーナル*Landskab*（Landscape. In Danish）、No.7に発表されたものです。その趣旨はモダニズムが提唱した「少ないほど豊かである（レス・イズ・モア）」という思想でつくられた極度に退屈な屋外空間を転換すべきだというものです。いくつかの予備調査によって、そのような屋外空間は滅多に使われることがなく、1日のなかでもおもに女性と子どもたちだけが滞在しているということが証明されました。しかし、建築もランドスケープも明らかに女性や子どもたちのために計画や設計されたわけではなく、まるでスウェーデンまで見渡せるような最上階に住む父親たちが夕食を取りながら見下ろすためにつくられたものでした[14]。

その評論は、当時たくさん建設されていた近代的な建物に関するさまざまな批評のなかでもとくに大きな話題となりました。それは、高層集合住宅において、屋外空間の利用が困難な子どもたちがいることを示す初めての調査結果が提示された時期でもありました。高層集合住宅には数多くの問題があることが明らかとなり、とくにグラドサクソ団地では屋外空間にまったく柔軟性がなく、独創性にも欠けていることが指摘されました。

その集合住宅に住む父親たちは、行政当局と住宅会社に対して子どもたちが遊ぶための場所の改善を求める運動を行いましたが、成果は得られませんでした。そこで、父親たちは、デンマーク王立芸術アカデミー建築学部のSPAS（人類学と心理学、建築学の専門家からなる研究グループ）に相談を持ち掛けました。1969年4月29日に綿密な打ち合わせが行われ、住民と学生たちは住棟の前の空間に、無許可で冒険遊び場をつくりはじめました。

作業は朝早くから夜遅くまで行われ、50名の住人と50名の学生がたった1日で大きな遊び場をつくり出しました。その行動は誰もが納得できるものであり、理解しやすい目的のために行われたものであったので、当局はその違法な試みを止める手立てがありませんでした。その遊び場は整備されている最中や整備後も長期間にわたって、とても活発に利用されました。

SPAS4の原題から引用、1969年*Bo Bedre*誌から抜粋。最も幼い子どもたちのための、その砂場は第9住宅街区の側に配置されていた。普通の遊び場は雨のなかでは悲しい光景となるが、この遊び場には屋根がついている[15]。

グラドサクソ団地での遊び場づくりの活動は、人びとのニーズを軽視するモダニズムに対する抗議である。その目的はグラドサクソ団地の住民（とくに子ども）によりよい表現の機会を与えると同時に、モダニズムの理想と建築についての議論を活性化させることにもつながった。従前と従後の写真は、遊び場が境界線を「つなぐこと」によってモダニズムのまっすぐで幾何学的な線との関係をどのようにして断ち切ったかを示している。

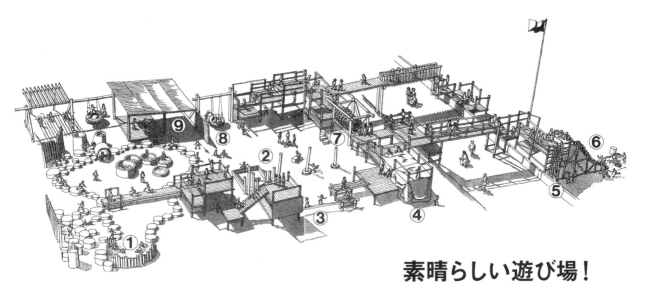

素晴らしい遊び場！

Bo Bedre no.10（1969年）参照

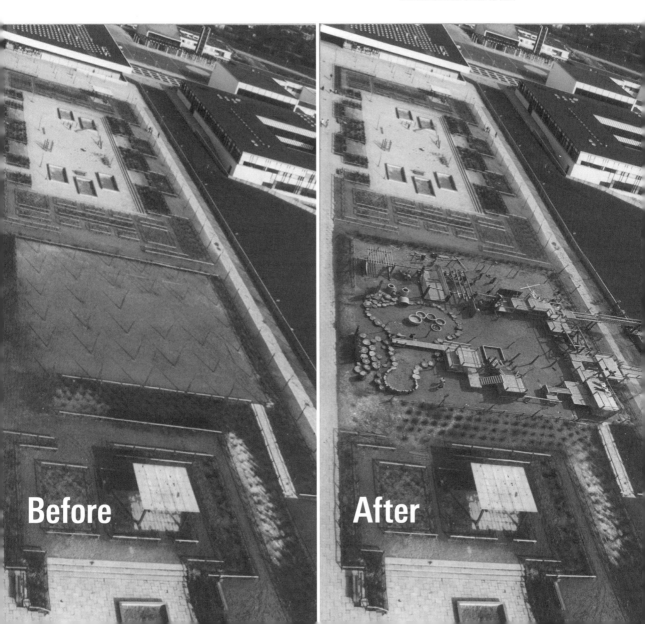

Before

After

日誌調査は1976年メルボルン、フィッツロイ近隣の住宅地の街路で行われた。観察者たちは路上での行動の詳細を記録するために朝早くから夜遅くまで日誌をつけ続けた。

これらの詳細な内容はメルボルンでの研究のなかで続けて記録された日誌からの引用である[16]。

9:53	No.8で男が家から出てきて、彼の犬であるブルーノに大声を上げる。No.15で犬と格闘している。鎖を手に道へ下りてくる。犬にリードをつけて彼の家へひっぱってゆく。
12:48	婦人（No.18に住んでいる）がNo.9へと出てきてNo.10へと向かい、男性に夕食を尋ねる。
1:26	No.9の男性(約40歳)がベランダの水道でカップを洗うために出てくる。
3:37	ふたりの男（両方とも30歳）がNo.8のベランダで会話をしている。ひとりは去っていき、ワイン造りの手伝いのためにNo.11へと入っていく。
4:37	No.9から4人の子どもがスクーターにのって道を下りていきバケツで魚を運んでいる。

日誌調査法
―― 詳細とニュアンスを捉える

誰が	ヤン・ゲールとメルボルン大学建築学部の研究グループ
どこで	フィッツロイ、メルボルン、オーストラリア
いつ	1976年3月の毎週土曜日
どのように	観察日誌をつける
出典	なし

1976年3月、メルボルン大学建築学部の学生たちに課題が出されました。それは、彼らがまちなかの自分たちが選んだ場所で24時間を過ごし、その体験を記録するというものでした。彼らは2、3人のグループに分かれ、体験を記録するためのカメラやスケッチブック、カウンター、レコーダーといった道具から必要なものを持って街へ出かけました。学生のグループは動物園や商店、鉄道駅、刑務所、地元の新聞社など、まちなかのいたるところに散らばって調査を行いました。

あるふたりの学生は典型的な1、2階建ての住宅のある街路で24時間過ごすことを決めました。彼らはその街路のうち、100mの区間を選び、夜が明けると前庭や街路に姿を見せはじめる住人たちを見張るために、深夜のうちに場所取りを行いました。

いくつかの予備的な調査によって、その街路でのすべての行動を記録するために観察日誌をつける方法が採用されました。日誌にはその街路の建物から向かい合う建物まで、つまり前庭、フェンス周りの場所、歩道や道路で起こるすべての出来事が記録されました。

誰かが家から出てきたり、道路沿いを通過したりするときには、すべての人の性別や年齢、（関連があれば）街路のどの位置かが記録されました。また、行動の種類や行われた場所、それが社会的な行動（会話、あいさつ、子どもの遊びなど）かどうかが書き留められました。記録をする際にとても重要なことは、人びとがそれぞれの行動にどのくらいの時間を費やしているのかを測ることです。

路上にいる観察者が夜明けから夕暮れまで、そこで起こったすべてのことを書きとめるということは、自然とそこに住む居住者らの好奇心を刺激しました。そこで、あらかじめふたりの学生は作り話を考えておきました。それは、彼らは住宅地区での交通安全について研究を行っている建築学科の学生であるというものです。その話はもっともらしく聞こえたので、住民たちはそのような調査は建築学科の学生にとって意味のある調査だと思いこみました。このようなやりとりのおかげで、住民は観察者の学生らを気にしなくなり、彼らはたった1日で街路の100mの区間での数百もの行動記録をとることができました。

彼らの記録によって、街路でどのようなことが行われていたかが明らかになりました。どれくらいの人が屋外にいて、それが誰（性別と年齢）なのか、どんな出来事が起こったのか、その行動の種類によってどのような物理的環境が使用されていたのか。この調査によって、街路上で人びとが行動すればするほど、より多くの社会的行動が起こるという興味深い結果が得られました。

しかし、最も興味深いことは、彼らが観察者として長い時間その場にいて、行動観察を行ったために、おおよその行動パターンを記録できただけでなく、あいさつや手振りなどのちょっとした行動や歩く途中で短く止まること、頭の動きなどについても詳細に記録できたということでした。1日の行動のほとんどはこれら些細な動作から成り立っているものでした。比較的長時間の行動と組み合わさって、それらの動作はこの普通の住宅街の通りで、複雑でドラマチックな「ストリートバレエ」をつくり出していました。長い時間連続して観察することは、パブリックスペースとパブリックライフの間の相互作用をくわしく理解するための重要な手法です。パブリックライフを研究するために用いられる他の方法のほとんどは、「サンプル」として限られた時間の調査をもとにしており、このような小さいけれども重要なものを見落とす可能性があります。

前庭の重要性
──街路のデザインと行動の広がりや特徴との関係性の調査

誰が	ヤン・ゲール、メルボルン大学建築学部の研究グループ
どこで	旧市街地と新市街地の17の街路、メルボルン、オーストラリア
いつ	1976年4月から5月の日曜日
どのように	行動マッピング、観察日誌をつける
出典	Jan Gehl et al. *The interface Between Public and Private Territories in Residential Area*, 1977[17]

　メルボルン大学で建築を学ぶ33名の学生らは1976年の4月から5月の日曜日、広範囲で大掛かりな調査を実施しました。この調査はメルボルンの旧市街地と新しい郊外の17の街路を対象に行われました。これらの街路には、民族的、経済的、社会的に異なるさまざまな居住者が住んでいます。この調査の目的は街路空間のデザインや前庭、建築物のファサードといった街路の物理的条件とさまざまなタイプの街路空間で起きる行動との関係性を明らかにすることです。言い換えると、個々の街路における生活の広がりと特徴に影響する物理的な条件は何かを明らかにするということです。

　メルボルンの旧市街地の特徴は、家の前に前庭というかたちで半プライベートゾーンが設けられており、道路空間に面した低いフェンスで囲われていることです。多くの街路には昔からオーストラリアならではの典型的な移行ゾーンが設けられていますが、なかにはこのような形態を持たないものもあり、とくに郊外では家の周りが芝生で囲われているものが典型的です。この前庭の半プライベートゾーンは街路での生活にどのように影響するのでしょうか？　そして、街路のデザインや住居密度は活動のパターンにとってどのような意味を持つのでしょうか？

　この調査は天気のよい日に屋外で滞留している人を対象に行われました。また、多くの居住者が家にいると予想される日曜日を調査日として設定しました。各街路の100mの区間を調査エリアに設定し、街路の物理的な特性を調べるだけでなく、先行調査で役に立つことを確認した「日誌調査法」に従って行動を記録しました。日曜日の日の出から日没まで、すべての街路での行動について、費やした時間も含めて記録しました。同時に、個々の空間でどのくらい多様な行動が起きたのかを図に示すために1時間ごとに図上にプロットを行いました。

　この調査からさまざまな街路での総体的な生活ぶりと細かな行動内容、場合によっては生活に足りない要素がわかってきました。広範囲な行動調査によって、半プライベートゾーンである前庭のある「柔らかなエッジ」を持つ街路の役割を明らかにすることができました[18]。

　この調査によって多くの興味深いことが明らかになりました。たとえば、郊外で記録された行動数は人口が密集する旧市街地の街路とほぼ同じくらいでしたが、行動パターンはまったく異なっていました。郊外では多くの人が屋外にいましたが、みんな芝刈りをしたり、庭の手入れをしたりするのに忙しくしていました。人口が密集した都心の街路では、居住者は前庭に座って食事をしたり、レクリエーションを楽しんだりとちょっとした行動に時間を使い、郊外よりも社会的な行動を多くとるということが分かりました。これらの調査より、街路で起きる大多数の出来事は短時間であるということもわかりました。数多くの短い時間の出来事が、より大規模で長時間の出来事のために間違いなく必要であるということがわかります。

　この調査が発表され、前庭が街路での生活に対して重要な社会的役割を果たしていることが示されたことによって、前庭を壁やフェンスで区切って孤立した空間にしないことを保証するための建築規制が厳しくなりました。さらに大規模で集中した高層の複合施設よりも、前庭付きの低層住宅が建てやすいように公共住宅の規制も変わりました。このようにして、小さな観察が大きくたしかな結果を得ることにつながるのです。

図Aは行動のタイプ別に住宅街での行動をプロットしている。図Bはあいさつのような社会的行動のみを示している。多くの居住者がいて街路沿いに明確な前庭がある街路（写真：上段）と居住者が少なく開かれた芝生がある街路（写真：下段）を比べると明らかに前庭のある街路では社会的な行動が多く発生する[19]。

メルボルン、プラーン、Yストリートでの交流と活動の記録と概要

メルボルン、バーモンド、C通りでの交流と活動の記録と概要

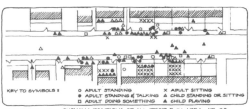

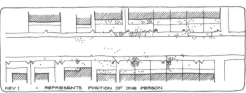

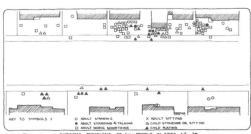

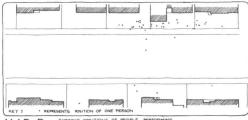

時間が決め手

—— 住宅街における多様な行動の継続時間についての調査

誰が	ヤン・ゲール、ワーテルロー大学建築学研究グループ、カナダ、オンタリオ州
どこで	1戸建住宅、2戸建住宅のある12街路、キッチナーとワーテルロー、オンタリオ州、カナダ
いつ	1997年夏季の平日
どのように	観察日誌をつける
出典	Jan Gehl, *Life Between Buildings*, New York: Van Nostrand Reingold, New York, 1987[20] (reprinted by Island, 2011)

　住宅街が実際の生活にもたらすものは何でしょう？1997年、カナダのオンタリオ州にあるキッチナーとワーテルローのそれぞれで調査が行われました。結果を比較して全体の傾向を把握するために、戸建住宅、連棟住宅のある12の街路で約100ヤードの長さのエリアをそれぞれ調査対象に設定しました。調査は暑くもなく寒くもない屋外での滞在に最適な夏の天気のよい日に行われました。

　調査の内容は街路ごとに行動の数とタイプを記録するものです。行動のタイプはあいさつやその他の交流のような社会的活動を意識したカテゴリーに重点を置いて、最も一般的なもの同士を分類しました。

　最も一般的な行動は、住宅へ入る行動と住宅から出る行動でした。記録されたすべての行動のうち、半分は徒歩か車で家に着くものと家を出るものでしたが、それらは屋外での生活行動のうち、たった10%にしかすぎないという結果が示されました。なぜなら費やした時間の長さで計算すると、行き来するのは大変短い時間だったからです。一方、街路での滞留行動はわずかでしたが、経過時間で計算すると屋外での生活行動の約90%を占めていました。

　この調査で、滞留する行動は一時的な行動よりもかなり長く続くということが明らかになりました。わかりきったことのようですが、それでもなお強調すべきなのは、最終的には屋外での生活行動の時間、ひいては滞留行動が活発な街路景観を生むことにつながっているということです。滞留する時間が長くなるほど、より多くの人びとが公共空間に現れることになります。すなわち、それが住宅街や公共空間での生活の活力を支える要因となるのです。

1977年カナダ、オンタリオ州、キッチナーとワーテルローにおける12街路にある公共空間での活動の頻度と継続時間[21]
A: 交流　B: 滞在行動　C: ガーデニングなど　D: 遊び　E: エリア内での通行人の往来
F: 帰宅、出発での通行人の行き来　G: 帰宅、出発での車の行き来

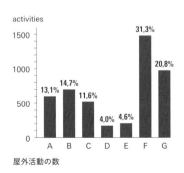

屋外活動の数　　　　各カテゴリー活動継続時間、平均の値

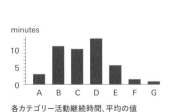

さまざまな活動のタイプと関係する公共空間での活動累積時間（総計）

危険と不安の計測
――車両交通が大人と子供の行動に与える影響の研究

誰が	ヤン・ゲールとロイヤルメルボルン工科大学、メルボルン大学建築学部からなる研究グループ
どこで	アデレイド、メルボルン、シドニーの自動車交通と歩行者のエリア
いつ	1978年10月
どのように	カウンティング、行動マッピング、親子の行動観察
出典	Jan Gehl, *Life between Buildings*, Van Nostrand Reinhold, New York, 1987[22] (reprinted by Island Press, 2011)

メルボルンの建築系大学2校からなる研究チームは、異なる交通システムを持った通りでの歩行者行動の違いについての知見を得るために現地調査を行いました。彼らはさまざまなタイプの通りにおいて車両交通が人びとの行動にどのような影響を与えているのかを探るために、3つの通り:車両交通のある通り、交通制限がかかった通り（路面電車と歩行者の通り）、歩行者専用の通りについて調査を行いました。

調査方法は、アデレイド、メルボルン、シドニーの各都市から選んだ通りを対象に、歩行者数のカウントと行動マッピングを用いて観察を行いました。

その結果、歩行者専用の通りでは、あらゆる年代の人びとの多様な行動が誘発されていることがわかりました。一方、車両交通のある通りでは、混雑し、騒々しく、不健全で、歩行者はより安全に注意を払う必要があります。また、路面電車や制限のかかった交通と一体となった通りでの歩行者行動のパターンは、歩行者専用の通りに比べて、車両交通のある通りのパターンに近いものでした。制限のかかった交通は、意外にも人びとの行動を妨げる要因となっていました。

調査テーマのひとつは、さまざまなタイプの通りで歩行者が感じる危険からどのように安全性を確保するかです。何人かの学生が、意外にも小さな子どもが自由に歩き回っている様子を観察しました。この観察により、6歳以下の子どもたちは、親と手をつないだり、一緒に歩いたりしないということが分かりました。また、車両交通のある通りとまったくない通りでは、明らかな差がみられました。ほとんどすべての子ども（約85％）は車道に沿った通りでは親と手をつなぎ、歩行者専用の通りでは自由に歩き回っており、親子ともにとても楽しそうにふるまっていました。

この小さな調査は、都市生活の質に大きな影響を与えるパブリックスペースとパブリックライフの相互作用の複雑かつ重要な側面を理解する、新しくシンプルな方法の一例です。

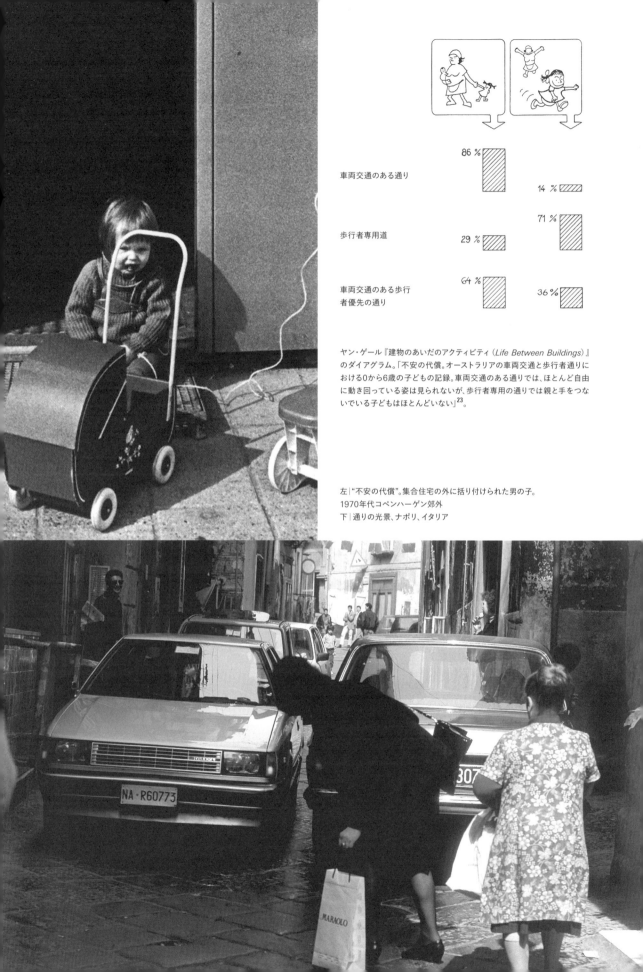

	86 %	14 %
車両交通のある通り		
歩行者専用道	29 %	71 %
車両交通のある歩行者優先の通り	64 %	36 %

ヤン・ゲール『建物のあいだのアクティビティ（Life Between Buildings）』のダイアグラム。「不安の代償。オーストラリアの車両交通と歩行者通りにおける0から6歳の子どもの記録。車両交通のある通りでは、ほとんど自由に動き回っている姿は見られないが、歩行者専用の通りでは親と手をつないでいる子どもはほとんどいない」[23]。

左｜"不安の代償"。集合住宅の外に括り付けられた男の子。
1970年代コペンハーゲン郊外
下｜通りの光景、ナポリ、イタリア

活気のある
ファサードと
活気のない
ファサード

——開放的・閉鎖的なファサードの前での
人びとのふるまいの研究

誰が	パブリックスペース研究センター、デンマーク王立芸術アカデミー建築学部所属のヤン・ゲール、ソールヴァイ・ライスタズとロデ・ケーファ
どこで	コペンハーゲンの7つの通り
いつ	2003年の夏（午前・正午・午後）と秋（夕方から夜）
どのように	カウンティングと行動観察
出典	Jan Gahl, Solvejg Reigsted and Lotte Kaefer, "Close Encounters with Buildings." Special issue of *Arkitekten* 9/2004[24]

　人間はおもに水平方向の視覚が発達しています。私たちは普段はめったに見上げることはなく、ときどき目的地へのルートを確認するために下を向くぐらいのものです。私たちが視覚的に理解するもののほとんどは、アイレベルでの建物との関係、つまり私たちがよく目にする1階レベルとの関係です。これまでにもたくさんの研究によって、建物とパブリックスペースとの境界部分がアクティビティを生み出すために重要であることが指摘されています[25]。

　この店舗のファサードと通りのアクティビティの関係性についての調査は、通りに面した1階部分のファサードが閉鎖的で単調なものよりも、開放的で個性にあふれたものの方が、より多くのアクティビティが発生するという仮説にもとづいて行われたものです。この仮説を検証するために、コペンハーゲンのショッピングストリートから100mの区間を7つ選定して調査を実施しました。

　調査対象地には、遅くまで営業しており、たくさんのディテールが施され、ドアが開放された出入り自由な活気のあるファサードがあり、同じ通りの反対側には、閉鎖的であまりディテールがなく、窓も少ない、もしくはまったくないような、活気のないファサードがあります。それらのファサードの特性は、パブリックライフとパブリックスペースの研究のために開発された評価ツールを用いて調査されました。100mの区間のうち、最も代表的なものとして10m区間のAとEが選ばれました。できるかぎり直接比較するために、脇道などは選ばず、気候、交通量、その他アクティビティに影響がありそうな要因はすべて同じ条件としました。

　ファサード沿いでのふるまいについては、歩行者数、歩行速度、ファサードを見る回数、ドアの前で立ち止まるもしくは出入りする回数、アクティビティの継続時間などを把握しました。

　それぞれの区間において、よく晴れた夏の日の午前、正午、午後に調査を行いました。また、これに加えて、夜間のアクティビティについては、秋の午後5時から8時に調査を行いました。

　この調査によって、ファサードのデザインは、ショッピングストリートにおける行動パターンに大きな影響を与えることが明らかとなりました。開放的なファサードの前では、閉鎖的なファサードよりも人びとはゆっくり歩き、店のウインドウを何度も見たり、頻繁に立ち止まったりするといったアクティビティが発生していました。さらにときどき、興味をもって立ち止まって店を眺めたりしていましたが、その店の大半は活気のあるファサードの店でした。他にも、靴ひもを結ぶために止まったり、携帯電話で話をしたり、買い物袋を整理するなどの行動が見られました。ジェイン・ジェイコブズは、「人がいる場所には、自然と人が集まってくる」と言っていますが、閉鎖的なファサードより開放的なファサードの前の方が、全体で7倍も多くのアクティビティが確認できました。

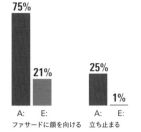

Aファサードの通行人のうち75%はファサードに顔を向けたが、Eファサードでは21%だった。開放的なファサードの前で立ち止まった人が全体の4分の1いたのに対して、閉鎖的なファサードの前ではわずか1%に留まった[26]。

ファサードの分類

Jan Gahl, *Cities for People*, 2010[27] (originally developed for public life study in Stockholm in 1990)[28]

A｜活気のあるファサード
小さな建物、たくさんのドア
（100mにつき15-20個のドア）
バリエーション豊富な施設
店内が見わたせ、ほとんどが活気のある建物
たくさんの個性あるファサードのレリーフ
おもに垂直なファサードの連結
センスのよいディテールや素材

B｜親しみやすいファサード
建物が小さい傾向
（100mにつき10-14個のドア）
いくつかのバリエーションがある施設
なかが見えず活気のない建物が少しある
ファサードのレリーフ
たくさんのディテール

C｜大きな建物と小さな建物のファサード
（100mにつき6-10個のドア）
いくつかのなかが見えず活気のない建物
地味なファサードのレリーフ
ディテールが少ない

D｜退屈なファサード
大きな建物、少ないドア
（100mにつき2-5個のドア）
ほとんどバリエーションがなく面白味のない建物
ディテールが少ない、もしくはまったくない

E｜活気のないファサード
大きな建物、ドアが少ないもしくはまったくない
（100mにつき0-2個のドア）
施設の視覚的なバリエーションがない
なかがまったく見えず活気のない建物
均一なファサード、ディテールなし、見るものがない

43から12の評価基準へ
——公共空間を評価するためのチェックリストづくり

誰が	ヤン・ゲール（1974-）
どこで	デンマーク王立芸術アカデミー建築学部都市計画学科、コペンハーゲン、デンマーク
いつ	継続中
どのように	公共空間の質を評価するためのチェックリスト
出典	なし[29]

公共空間を快適な場所にする、または心地よく使うためには何をすればよいのでしょうか。何十年もの間、この疑問に答えるためにたくさんの評価基準が検討され、分類が試みられ「12の質の評価基準」というツールに集約されてきました[30]。

これらの12の評価基準は、個々の公共空間がどれくらい人びとを集め、留まらせることができるかの評価を行うものであり、観察者が公共空間を分別するときに役立つものです。3つの段階はたいてい図で示されることになります。たとえば、公共空間を比較するために、3つのグレーの色合いの違いによって表現されます。

質の評価基準リストは、人間の感覚や要求に関する基本的な知識と世界各国での長年にわたる公共空間の調査結果にもとづいて整理されてきたものです[31]。人間の感覚や要求、人びとを快適にしたり公共空間に留まらせたりする要因についての基礎的な知識は、徹底的な意見交換と実践のなかで改善されてきたものであるため、非常に実用的なものとなっています。

次ページのキーワード表は、1970年代にヤン・ゲールによって、デンマーク王立芸術アカデミー建築学部での授業用の資料として作成されたものです。この評価基準は都市計画や敷地計画などを含めた公共空間に関わる人にとって非常に重要なものであり、当初はもっとたくさんの評価基準が記述されていました。

この概念は何年にもわたって、あらゆる人が理解でき、さまざまな公共空間を比較する際に、簡単に捉えることができる有効な手段として、わかりやすいチェックリストへと改善されてきました。それと同時に、チェックリストは個々の公共空間がどれくらい安全性や活動に対する要求に応えているかという場所の評価をするのに十分な量の細かな内容と特質を持ち合わせていなければいけません。今日では、そのツールは意見交換の出発点として使われています。たとえば、ある計画チームはチェックリストを既存の公共空間、あるいは計画された公共空間がどれくらい留まるための場所やスケール、気象条件などについての基準を満たしているかを調査するために使うでしょう。

次ページに示す1974年の図は、のちの報告で精査された、いくつかの区分を示しています。項目は再定義あるいは除去されていき、残った「保護」、「快適性」、「喜び」という3つの主要なテーマによって組み立てられています。[32]

リストは建築の専攻で作成されたにもかかわらず、審美的な空間の質についての項目はたったひとつだけ（リストの最後のもの）です。これは、審美性という要素が公共空間の評価の出発点ではないということを意味しています。まず私たちは、車、騒音、雨、風からの保護に対する人びとの要求、あるいは歩く、立ち止まる、座る、見る、話す、聞く、自己を表現することへの要求を考慮しなければいけません。人びとにはヒューマンスケールでの気象や環境条件のよい場所を利用したいという要求もあります。体験するということは、審美性の質を示すよりも、公共空間が高く評価され、使われているかどうかを明らかにするものです。しかし審美性は、見た目の質を重視する建築という枠組みのなかで扱われるすべての機能的、実用的側面の総体を表す質としては重要な項目です。世界の優れた公共空間の多くは、見事にリストの12の質の評価基準をすべて満たしています。イタリアのシエナのカンポ広場はその最良の例といえるでしょう。

URBAN DESIGN — A LIST OF KEY WORDS

A. TASK ANALYSIS ~ DECISION ~ BASIC PROGRAMME

TASK ANALYSIS
DECISION
PRIMARY PROGRAMME

ANALYSING THE TASK
who is giving the task?
what are the objectives?
who will benefit?
etc.

- DECISION -
can task be accepted?
- if yes on what conditions?

BASIC PROGRAMME / GROWTH & CHANGES
overall goals
- what is to be planned and what is not?
- what is to be planned now and what is not?
- future developments
     alterations – growth / changes
- who decides?

B. PROGRAMME

SOCIAL STRUCTURE

1. A POLICY FOR THE SOCIAL STRUCTURE
considerations on the subdivisions into:
- primary groups
- secondary groups
- neighbourhoods
- townships
- towns etc.

2. A POLICY FOR THE DECISION MAKING
- who is to decide what?
- how can the decision making strengthen social structure?

3. A POLICY FOR INTEGRATION / SEGREGATION
- living / manufacturing / service
- different age groups
- social classes
- private - public spaces

4. A POLICY FOR THE PUBLIC SPACES
- how can social structure be strengthened by public spaces
- what kind of public spaces? active / inactive diverse / specific inviting / inspiring / repulsive location of different public spaces

SERVICES AND COMMUNICATIONS

1. SERVICES
which services and facilities are needed?
where are they to be located in social structure?
where are they to be located on site?

2. INTERNAL COMMUNICATIONS
- see below -

3. RELATIONS BETWEEN INTERNAL & EXTERNAL COMMUNICATIONS
- distances to points of exchange
- quality of way
- quality of each point
- waiting time, frequency
- emergency traffic

4. EXTERNAL COMMUNICATIONS
kind of traffic
public / private
distances
speed - frequency
directions
etc.

C. DESIGN

STRUCTURE OF PEDESTRIAN SYSTEMS
– organizing the movements

1. NUMBER OF DIRECTIONS (LENGTH OF WALK)
to concentrate:
- one direction (compact ped. system)
to disperse:
- several directions (widespread ped. system)

2. NUMBER OF ALTERNATIVE ROUTES
to concentrate
- one street
to disperse
- several parallel streets
- skywalks etc.

3. NUMBER OF ALTERNATIVE TRANSP. SYSTEMS
to concentrate
- one system: walking
to disperse
- several systems

4. STRUCTURABILITY
- a logical "easy to find your way around" overall structure
- using topography
- etc.

– organizing the buildings / functions in relation to the pedestrian systems

1. DISTANCES BETWEEN BUILDINGS / FUNCTIONS
to concentrate
- compact ped. system
- attractions close together
- narrow facades
to disperse
- attractions far apart

2. NUMBER OF STOREYS / LEVELS
to concentrate
- one level
to disperse
- several levels

3. ORIENTATION OF BUILDINGS / FUNCTIONS (entrances, doors, windows etc.)
to concentrate
- orientation towards public spaces
to disperse
- orientation away from public spaces

4. RELATIONS BETWEEN MOBILE & STATIONARY PEDESTRIAN ACTIVITIES
to concentrate
- same spaces for moving and staying
to disperse
- separate spaces

DESIGNING THE SPACES
DESIGNING THE EDGES

1. DIMENSIONS (LENGTH, WIDTH, AREAS)
- designing in relation to human senses / no. of persons
- small dimensions
- "small spaces in big ones"

2. STRUCTURE / FORM
- spatial sequences
- closed vistas

1. INTERFACE BETWEEN PUBLIC & PRIVATE SPACES
to concentrate
- soft borders / overlapping
- semi public front areas
- phys. & psych. accessibility
to disperse
- hard edges / walls

2. DEGREE OF TRANSPARENCY BETWEEN PUBLIC & PRIVATE
to concentrate
- short distances
to disperse
- walls
- long distances

DESIGNING / DETAILING THE PUBLIC SPACES
(the pedestrian landscape)

1 交通と事故からの保護 – 安全
・歩行者保護
・交通不安の除去

2 犯罪と暴力からの保護 – 治安
・活気ある公共領域
・街路に注がれる眼差し
・昼夜を通じて展開する機能
・適切な照明

3 PROTECTION AGAINST UNPLEASANT CLIMATE
- wind
- rain, snow
- cold / heat
- draft

4 不快な感覚体験からの保護
・風
・雨 / 雪
・寒さ / 暑さ
・汚染
・埃、騒音、照り返し

5 歩く機会
・歩くためのスペース
・障害物の除去
・良好な路面
・万人への開放
・興味深いファサード

6 佇み / 滞留する機会
・エッジ効果 / 佇み / 滞留するための魅力的なゾーン
・佇むためのよりどころ

7 座る機会
・着座のためのゾーン
・利点の活用：眺望、日照、人びとの存在
・座るのに適した場所
・休息のためのベンチ

8 眺める機会
・適度な観察距離
・遮断されない視線
・興味深い眺め
・照明（夜間）

12の評価基準

9 会話の機会
・低い騒音レベル
・「会話景観」をつくりだすストリートファニチャ

10 遊びと運動の機会
・創造性、身体活動、運動、遊びの促進
・昼も夜も
・夏も冬も

11. POSSIBILITIES FOR A MULTITUDE OF OTHER ACTIVITIES
- space / area
- permission / accept
- "challenges"
- "generators"
summer / winter / day / night

12. POSSIBILITIES FOR PEACE / ISOLATION / INACTIVITY

13. PHYSIOLOGICAL NEEDS
- eat / drink
- rest
- run / jump / play
- public toilets!

14 スケール
・人間的スケールで設計された建物と空間

15 良好な気候を楽しむ機会
・日向 / 日蔭
・暖かさ / 涼しさ
・そよ風

16 良好な感覚体験
・良いデザインとディテール
・良質な素材
・すばらしい眺め
・樹木、植物、水

D. MAINTENANCE / CHANGE

1. DAILY MAINTENANCE
"built in" reasonable possibilities for:
- cleaning
- snow removal
- ice melting
- etc.

2. REPAIR / UPKEEPING
"built in" sturdiness
- repairing
- painting
- re-planting
- etc.

3. BUILT IN CHANGE-ABILITY - FLEXIBILITY
- daily
- day to day
- summer / winter
- time to time

4. A POLICY FOR PUBLIC DECISIONMAKING – ON CHANGES

JAN GEHL OCT. 1974

1974年、コペンハーゲンで都市計画専攻の学生のために、デンマーク王立芸術アカデミー建築学部でヤン・ゲールによって考案されたチェックリスト。

実際の感覚と
スケール
——普通の状況における距離の説明

誰が	ヤン・ゲール
どこで	コペンハーゲン、デンマーク
いつ	1987年から2010年
どのように	理論の検証、測量、写真撮影、実例の収集
出典	Jan Gehl, *Cities for People*, Washington DC, Island Press 2010[33]

　パブリックライフとパブリックスペースとの相互作用をより重点的に扱うために、私たちは人間の感覚についてもう少し深く学ばなくてはいけません。街を慎重にヒューマンスケールになじませるためには、とくにこのような知識が重要となります。アメリカの人類学者であるエドワード・T・ホールと環境心理学者のロバート・ソマーらは、そのテーマについていくつかの本を著しています[34]。しかしそれは、街と公共空間の規模との関係における人間の感覚について学ぶためのひとつの参考書にすぎず、実際にそれらを検証することとはまったく異なります。

　公共空間との関係についての研究において、距離は人間の感覚を捉える重要な視点です。街の空間規模は、行動の可能性や人間の感覚と大きく関係しています。科学技術の発達や社会的発展を遂げたにもかかわらず、私たちはいまだに二足歩行の動物で、175cmくらいの身長で、どのような距離で何が見られるのかが強く制限されたかぎられた角度の視界のなかの水平な土地に住んでいます。

　私たちは100m先の人間の行動を認識する視力を持っています。さらに短い距離では、私たちは社会的に交流することができ、細かい部分を確認することができます。これは、私たちが屋外の公共空間であろうと、オペラ劇場であろうと、教室の中であろうと、またはダイニングテーブルの周りであろうと、自分を取り巻く環境をどのように理解するかということに影響を与えています。

　もちろん、検証するための一番の方法は、オペラ劇場やその他の公共空間へ行き、空間が大きすぎる、小さすぎる、またはちょうどよいのかどうか、自らの身体で直接、空間との関係を感じることです。つねに自分自身で、空間の関係性や規模を体験することが最も効果的な方法だといえるでしょう。

　一度実例を測量したり、情報を収集したり、記録したり、体系化したりすると、ヒューマンスケールや人間の感覚というようなコンセプトや要求は、より明確な意味を帯びるようになります。それは、計画の最後で付け足しとして組み込まれたりするものではなく、当然ながら、人びとのためにデザインしている街や公共空間、建物を考える出発点になるものです。街や公共空間、建物をデザインする際のコンピュータ・シミュレーションの利用の増加は、パブリックスペースとパブリックライフとの相互作用を自分自身で経験することの重要性を高めています。

　次ページに示しているのは、距離と人間の感覚のスケールについて、実際に検証した結果の実例です。基本的な目的は、実際の結果をよりよく理解し、またこの情報を素人や専門家によりわかりやすく伝えるために、観察者が屋外へ出て、理論上の認識が普通の状況へと変わるちょっとした試験をすることによって、そこにある状況がどのように作用するのかを体験することです。スケールを検証することは、教育の手法としても非常に重要なものだと考えられます。

ヤン・ゲールによる、2010年出版の『人間の街』では、実際にテストした人間感覚の理論の例が説明されている。図と写真は、地上にいる人と高い建物のさまざまな階にいる人の視覚的接触について調査した結果を示したものである。知覚は5階以上の階ですでに無くなっている[35]。

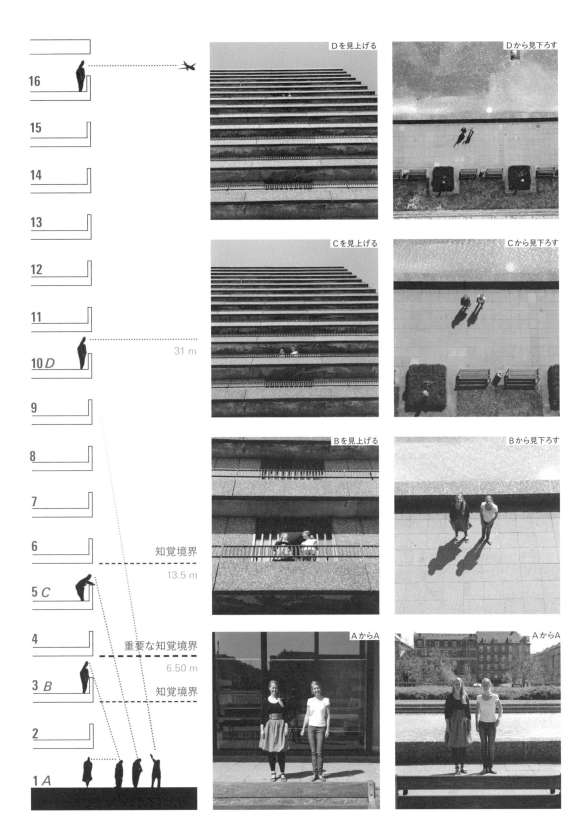

にぎわう都市空間
——ノルウェーの小さな街で行われたニューヨークにおけるウィリアム・H・ホワイトの統計結果の検証

誰が	カミラ・リイタニフリース・ファン・デュアス、ゲール・アーキテクツ、ワークショップ参加者
どこで	アーレンダール、ノルウェー
いつ	2012年1月23日（月）午後（天候：雪）
どのように	パブリックライフとパブリックスペースがどのように体験されるかという理論のテスト
出典	なし

　公共空間ににぎわいを生み出すには何人の人が必要なのでしょうか。そして、パブリックライフを引き起こすことは小さなコミュニティでも可能なのでしょうか。ノルウェーの小さな街の出身のプランナーらは、目に見える場所のなかに16.6人の歩行者がいれば、公共空間を都市的で活気のあるものにできるというウィリアム・H・ホワイトによって提示された理論を実証してみました[36]。パブリックライフの調査として、ワークショップの参加者をはじめはふたり、次に4人、10人、14人、最終的に20人と、公共空間の中心部に立ってもらうことによってホワイトの理論を確認しました。残りの参加者には、その広場が都市的でかつ活気づいているように見えるかどうかを評価するように依頼しました。彼らはふたりから10人の歩行者が広場にいるときは、都市的で活気づいているようには見えないと答えましたが、14人から20人の歩行者が広場にいると、都市的で活気づいている公共空間であるという印象を受けると答えました[37]。

　ノルウェーの小さな街におけるこの実験結果は、1970年代にマンハッタンで実行されたホワイトの実験結果を支持するものでした。ノルウェーの小さな街では広場が活気に満ちたように見えるためには、14人で十分でした。この実験結果とホワイトの実験結果は、場ににぎわいをもたらすために大都市と同じく小さな街でも、機能だけでなく、このように人を集めることの重要性を強調するものです。しかし、理論と実践することとはまったく別物です。

　その後、20人の参加者に人が最もよく滞在する場所であるエッジ部分に沿って留まるように伝え、残った参加者に活気を感じるのかどうかの評価をしてもらいました。その結果、まったく予想どおり広場のにぎやかさがかなり少なくなることがわかりました。非常に多くのパブリックライフがエッジ部分で行われているため、公共空間に人がたくさんいたとしても、空間のスケールが重要であるということがこの実験結果から明らかになりました。

 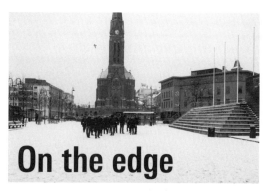

残りの参加者が広場がにぎわっているように見えるかどうかを評価している間、ワークショップ参加者はノルウェー、アーレンダールのサム・アイド広場（710m²）を占領した。

座る場所を
増やす効果

――座る場所を2倍にすると
座る人も2倍になるのか？

誰が	ゲール・アーキテクツ
どこで	アッカブリッケ、オスロ、ノルウェー
いつ	1998年8月、2000年8月
どのように	椅子の数や人が座る場所の広がりをエリアの改変前後で記録する
出典	Jan Gehl, *Cities for People*, Washington DC, Island Press 2010[38]

「人は座る場所があるところに座る傾向がある」

マンハッタンにおける多くの調査にもとづいた*The Social Life of Small Urban Space*という本のなかで、ウィリアム・H・ホワイトはそう結論づけています。彼は「これは知的な驚きを感じさせるものではないでしょう。そして今、私たちの調査を振り返ると、なぜ最初からもっと明白ではなかったのだろうかと思います」[39]と述べています。たしかに明白なようですが、本当にそのとおりになるのでしょうか？　ホワイトの理論は1990年代の終わりにオスロで試されました。

1999年、オスロのアッカブリッケ地区の港がパブリックライフの調査にもとづいて改修されました。1998年夏に行われたパブリックスペースとパブリックライフの調査において、ファニチャーやディテールに加え、このエリアの来訪者のパブリックスペースの使い方が慎重に調査されました。このエリアは、明らかに座る場所が少なく、選択の質が乏しい地区でした[40]。リノベーションプロジェクトの一環として、古いベンチはパリ風のものに取り換えられ、2倍のベンチが設置されました。エリアがリノベーションされた後、来訪者には2倍以上（+129%）の椅子の選択性がありました。

最初の調査の日からちょうど2年後、同じく天気のよい夏の日に、もう一度このエリアでベンチの利用状況の調査が行われました。正午から午後4時の間にアッカブリッケで座っている人の数を4回計測したその平均値は122%増えていることが分かりました[41]。簡単に言えば、結論はベンチの数を2倍にすれば座る人の数も2倍になったということです。

ノルウェー、オスロのアッカブリッケにおいて、椅子の数を2倍にすると、座る人の数も2倍になった。

121

上、白線｜デンマーク、コペンハーゲン、オスタゲーゼ街路の100m区間
下、黒線｜オスタゲーゼから直接延長したアマー広場の100m区間

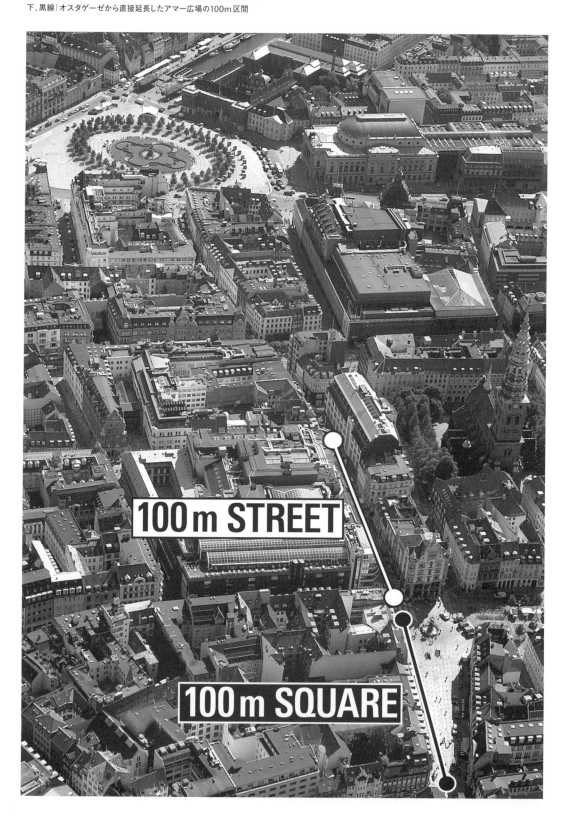

100mの街路と100mの広場

―― 歩行速度の調査

誰が	クレスチャン・スコーロプ、ビアギッテ・スヴァア
どこで	ストロイエ通り（歩行者通り）とアマー広場の100m区間、コペンハーゲン、デンマーク
いつ	2012年12月の平日
どのように	追跡調査
出典	なし

　一般的に、都市は動くための場所である「街路」と滞留するための場所である「広場」から成っています。この小さな調査で答を出すべき問いは、ごく基礎的なものです。それは「人はそれぞれどれくらいの速さで街路と広場を歩いているのか」ということです。体験する場、滞留する場としての広場の性質や心理的な働きかけが原因となって、歩行者は街路よりも広場の方をゆっくり歩くだろうというのが私たちの仮説でした。街路から広場へと空間の性質が変わる区間を歩く人の歩行速度を調査することで、この仮説をたしかめることにしました。街路に沿って歩くよりも広場を横切るときの方が歩行者の速度はゆっくりになるのでしょうか。

　コペンハーゲン通りへつながるさまざまな広場で人びとの動きを記録し、適切な調査地を選びました。周りの建物や機能の性質が同じで、他の要素が影響しにくい場所を選定し、歩行速度が遅くなる阻害要因がある場合や通行人がおもしろいと感じるようなファサードに大きな違いがある場合は、調査候補地から除外しました。その結果、最も適した調査地はストロイエ通りとアマー広場だとわかりました。

　調査は、街路はもちろん、広場も100mの区間を測定しました。観察者は街路で誰かがスタートラインを越えた時にストップウォッチをスタートさせ、その人が100m進んだフィニッシュラインを超えたときに止める方法で調査しました。別のストップウォッチでは、同じ人が広場に入った瞬間にスタートさせ、その人が100mを通過したときに止めるようにしました。

　典型的なサンプルを得るために、観察者は選択されたスタートラインを通る3人目ごとに追跡調査を行い、全部で200人の歩行速度の計測を行いました。観察者は対象者を追跡し、かなり多くの観察を街路で行っていましたが、しばらくたってからよい眺望点が見つかりました。それは2階に部屋がある店舗で、調査対象のコース全体を遮られず眺めることができる場所でした。

　この歩行速度の調査によって街路空間から広場へと歩くとき、歩行者の速度が減速することが確認できました。ほとんどの歩行者は減速しましたが、平均で街路では4.93km/h、広場では4.73km/hとなり、およそ5%と減速の度合いはあまり大きくはありませんでした。しかし、調査が行われたのは比較的寒い気候であったにもかかわらず減速が確認されました。気温5℃の薄暗い冬の日で、典型的な散歩日和とは言えない日でした。

　歩行速度の違いは比較的少ないため、速い歩行者、遅い歩行者のいずれかが多くいたかどうか検証してみました。平均結果と見比べて、疑わしい速度で歩いているデータは削除しました。しかし、これらの記録が結果に重要な影響を与えないということがわかりました。

　人の歩行速度を調査するために観察者が街へ出るとき、どのくらいの速さで動いているのか正確に計測するのは難しいことです。また、これらの調査の場合、肉眼で街路あるいは広場を通る歩行速度の違いを測定するのは不可能でしょう。しかし、計測によって100mの街路と100mの広場を歩くのにどれくらいかかるか、そこに違いがあるということを証明することはできます。

　A地点からB地点までまっすぐに進む人はほとんどいないので、正確に歩行速度を記録するにはかなりの忍耐力が必要だということが、この調査から観察者が得ることのできたもうひとつの結論です。

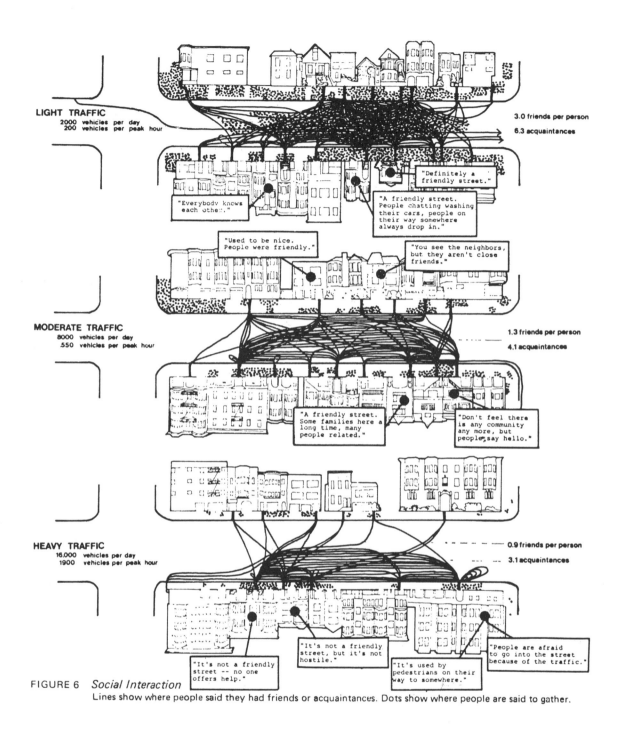

FIGURE 6 *Social Interaction*
Lines show where people said they had friends or acquaintances. Dots show where people are said to gather.

ダイアグラムは上からそれぞれ交通量が多い、中程度、少ない3つの街路を示している。線は人びとが街路を通して後ろや前、どこに友だちや知人がいるか、点は人びとがどこに集まるかを示している。図表は非常に説得力があり、マップはこの研究の結論を明快に表している。交通量が多ければ、生活や社会的ふれあいは少ない[42]。

交通の回廊か生き生きとした街路か

―― 社会的人間関係と交通

誰が	ドナルド・アプルヤード、マーク・リンテル
どこで	並行した通り：フランクリン通り・ゴフ通り・オクタビア通り、サンフランシスコ、カリフォルニア
いつ	1969年
どのように	マッピング、インタビュー
出典	Donald Appleyard and Mark Lintell, "The environmental quality of city streets: The residents' viewpoint", *jornal of the American Institute of Planners*, March 1972[43]

　1960年代における交通量の増加は、住宅地の街路において自動車交通が生活へ及ぼす影響を研究するドナルド・アプルヤードとマーク・リンテルに刺激を与えました。都市の街路の調査は、ほとんどが道路拡幅や標識、一方通行などの装置を対象としており、それらの環境と社会にかかる負荷についてふさわしい計算がなされることなく、交通容量の増加のみに意識が集中しており、社会的な部分が見すごされていました[44]。

　アプルヤードとリンテルはサンフランシスコで特性は同じで交通量が違う3つの住宅街路を選んで調査を行いました。3つの街路はすべて23mの幅があり、2階建と3階建の家が並び、賃貸マンションと分譲マンションが混在しています。大きな違いは交通量で、24時間に最小交通量の街路で2,000台の車が通り、一方で混雑している街路には8,700台、最も交通量が多い街路では15,750台の車が走っていました。3つの街路において交通が及ぼす生活行動への影響を調べるために、アプルヤードとリンテルは観察結果を地図にプロットしました。彼らはあわせて、どの年代が公共空間を多様に利用しているのかも記述しました。

　また、彼らは居住者に対して、街路のどこに集まるか、また近隣の知人に関してインタビューを行うことで観察結果を補いました。交友関係のある住居間には線で印をつけ、同時に路上で人と会う場所を点で印をつけました。

　交通量が最も少ないところに比べ、交通量の多い街路では、活動や社会的な関係がかなり少ないことが記録によって明らかになりました。街路での知人同士の関係性を抽象的な図やダイアグラムではなく、直接線で結んで示すことにより、結果は絵を見るように見やすいものになりました。

　滞留行動については、交通量が少ない街路では滞留場所が非常に多く、より広範囲にわたっていることが明らかになりました。交通量が最も少ない街路では子どもたちは路上で遊び、多くの人びとが家への階段や入口付近に滞留していました。中程度の交通量の街路ではより活動が少なく、歩道で行われていました。そして最も交通量が多く歩道も狭い街路では、活動は建物の入り口に限定されていました。

　交通量を把握するための調査のポイントは交通安全や事故統計のようなわかりやすいものではありません。それよりも観察者は、住民の社会生活に対して、交通が及ぼす影響について調査をするべきです。

　また、アプルヤードは多様な立場や所得水準の居住者の住む地区の街路でも同様の調査を行いました。これらの調査から交通が社会生活へ及ぼす影響について、予備実験と同じ結果が得られました。このアプルヤードの調査はパブリックライフ調査の分野において模範的な取り組みだと考えられています。この調査が広く知られるようになった理由のひとつは、結論をこのように一風変わった視覚的にわかりやすい方法で図にして伝えているという点にあります。見る人誰もが、交通量の多い街路では何かひどく問題があるとわかるようになっているのです。

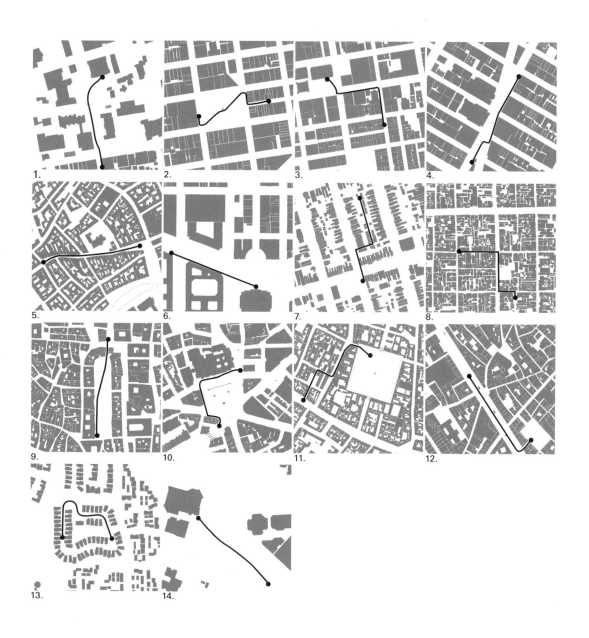

ボッセルマンは14のルートの図面を作成し、空間特性を比較した。
1｜カリフォルニア大学バークレー校のキャンパス／2｜カリフォルニア・サンフランシスコの中心市街地／3｜カリフォルニア・サンフランシスコのチャイナタウン／4｜ニューヨークのタイムズスクウェア／5｜デンマーク・コペンハーゲンのストロイエ／6｜ワシントンD.C.のペンシルベニアアベニュー／7｜カナダ・トロントの旧市街地／8｜日本・京都の旧市街地／9｜イタリア・ローマのナボナ広場／10｜イギリス・ロンドンのトラファルガー広場／11｜フランス・パリのマレ地区／12｜スペイン・バルセロナのランブラス通り／13｜カリフォルニア・オレンジ郡ラグナニゲルのゲーテッドコミュニティ／14｜カリフォルニア・パロアルトのスタンフォードショッピングセンター。

線は350mのルートを示している。

長いもしくは
短い時間
—— 公共空間を歩いたときの体験に関する研究

誰が	ピーター・ボッセルマン
どこで	さまざまな場所
いつ	1982年から1989年
どのように	4分間の歩行
出典	Peter Bosselmann, *Representation of Places*, Berkeley: University of California Press, 1998[45]

　ボッセルマンはヴェネツィアでの4分間の歩行の足跡について、そのとき体験した感情も含めて地図上に記述しました。そして、それと同じくらいの距離である350mのルートを対象に世界各地で同じ調査を行いましたが、調査地によってまったく違った体験をすることになりました。

　ボッセルマンは世界のさまざまな場所から、まったく違った都市構造を持つ14のルートを選定しました。空間の特性を比較するために、対象エリアの図面を用いて調査を行いました。図面からは、それぞれのルートにおいて明らかに異なる空間特性を読みとることができます。

たとえば、スペイン・バルセロナの密集した伝統的な都市構造からカリフォルニア・バークレーのオープンキャンパスのエリア、カリフォルニア・オレンジ郡の曲がりくねった住宅で囲われた地域、カリフォルニア・パロアルトのショッピングセンターとオープンスペースの大きな広がりを持つ空間までさまざまです。これらの図面にはボッセルマンの歩行体験のポイントが短い文で付されています。ボッセルマンはヴェネツィアの350mのルートよりも短く感じるか、もしくは長く感じるかを調査しました。ヴェネツィアでの4分間の歩行体験はさまざまなルートの経験と比較するための基準として使われました。

ピーター・ボッセルマンはすべてのルートに対して、ヴェネツィアでの4分間の歩行体験と比較してコメントを付している。たとえば、ローマのナボナ広場（左）を渡って歩くルートについては、「とても驚くべきことに、ローマのナボナ広場での歩行体験は、ヴェネツィアのものと同じである。私はナボナ広場の方が小さいと思い込んでいて、ヴェネツィアの半分の時間で歩けると思っていた。しかし、実際は広場を渡るのに4分かかった」と述べている[46]。

写真上での
ストリートバレエ

——時間の経過をともなう
パブリックスペースでのささいな場面

誰が	ウィリアム・H・ホワイト
どこで	ストリートライフプロジェクト、ニューヨーク、アメリカ
いつ	1971年から1980年
どのように	時間の経過を写真に収める
出典	William H. Whyte, *The Social Life of Small Urban Space*, New York: Project for Public Space, 1980[47]

　パブリックスペースでの生活は、膨大な量の小さくて認知しづらい状況の集まりです。いったい、私たちはどのようにしてそれらの毎日起こる小さな出来事を説明し、記録することができるのでしょうか？

　パブリックスペースの状況を写真に撮ろうと試みてきた者は、そこでの出来事を物語風の情景として捉えることがどれほど忍耐力のいる作業であるかを知っているはずです。都市での多くの場面は一瞬の出来事であり、パブリックスペースの状況を1枚の写真で表すことはとても難しいことです。なぜなら、写真は厳密にある一瞬を捉えたものである一方、連続した状況の変化を捉えることはできないからです。

　ウィリアム・H・ホワイトは、どのようにして人びとがパブリックスペースを使うのかについて、小さな日々の状況から、多くの情報を引き出すための方法を考えました。彼はジェイン・ジェイコブズが「小さなストリートバレエ」と呼んだ、街路、街区、歩道、とくに街路の角で行われる出来事を再現するために連続写真を撮影しました。

　このページと次のページは、ホワイトが1970年代にマンハッタンの街路の角を連続写真で捉えた場面の一部です。それはあるビジネスマンが他のもうひとりにゴルフクラブのスイングの方法を教えている場面です。ひとりがもうひとりの立ち位置を調整し、見えないゴルフクラブが空中をスイングし、そのゴルファーは後ろ足を調整されてスイングを終えています。このふたりが話すために立ち止まったのが、なぜ歩道の真ん中ではなく、角なのかということを正確に理解するために、また、発生した状況を描写し、捉えるためにホワイトはその現場にいました。

　ホワイトが指摘したポイントは、この種の状況はどこでも起きるのではないということです。彼は何が街角を特徴づけるのかについて、こう述べています。「ニューヨークの最もよい街角のうち、ひとつは49番街とアヴェニュー・オブ・アメリカの角で、マグロウヒルビルのそばです。この街角には座る場所、食べ物を売る人、激しい歩行者の流れがあり、快適で人気の場所です」[48]。

　写真の上段はもうひとつの連続写真によって撮影された例を示しています。ある女性が椅子を少し動かしていますが、それは日なたへと動かすのではなく、それを避けるのでもなく、何かをするでもなく、スペースの確保のためか彼女の移り気が起こした行動です。彼女は座るそぶりを見せています。このような状況を誰かに説明するためには周囲の様子を表すことが求められ、いかなる記述にも増して連続写真は有効な手段です。ここでとり上げているホワイトの著書でも、文章に加えて読者によりわかりやすく伝えるために写真が掲載されています。

　ホワイトが1970年代に調査を行ってから、連続写真の方法は進歩してきています。ホワイトが著した*The Social Life of Small Urban Spaces*の巻末にある連続写真のくわしい解説は、今でも有用な示唆を与えてくれるものです。たとえば、通りから見えないようなカメラの設置位置に関することや捉えづらい時間経過や要素の説明などが書かれています。ホワイトは「あなたは何を探すのかを知るべきであり、あなたはそれを目にすることがないであろうということをもう一度強調しておきます。まずは直接観察することが必要なのです」[49]と述べており、写真から人びとの行動を分析するためには、まずは直接観察することが不可欠であると指摘しています。

写真は*The Social Life of Small Urban Spaces*より。
　上のシリーズは「たった6インチか8インチ椅子を動かすことはとても大きな意味を持っている。それには機能的な理由はまったくないかもしれない。おそらくこの女性が彼女の椅子を1フィート動かしたのは太陽の下に出るのでもなく、それを避けるためでもない」から引用[50]。
　下のシリーズは「ウォールストリートの角はビジネス会話のための素晴らしい場所である」から引用[51]。

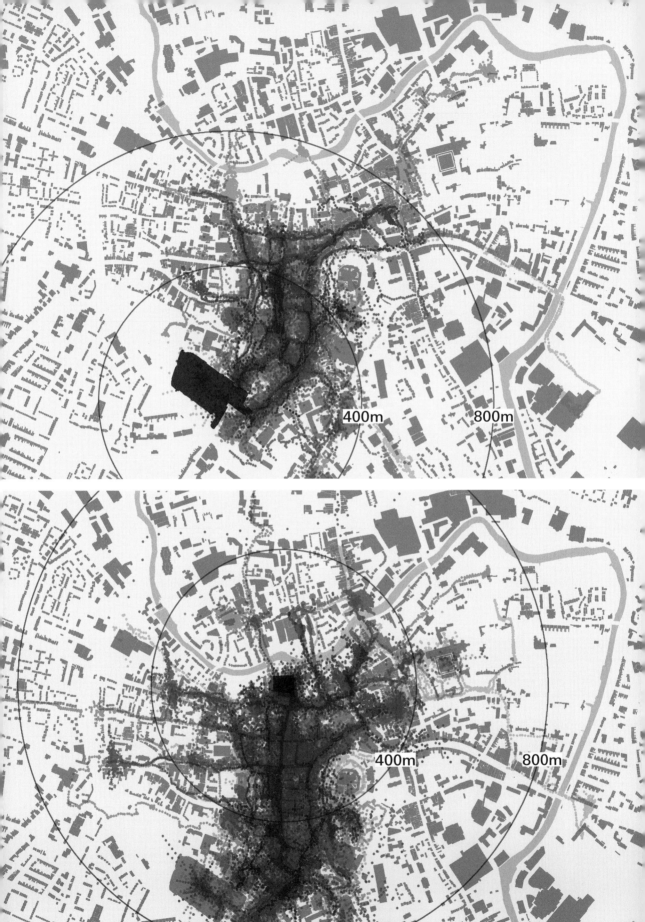

車の運転手も
歩行者である

――ヨーロッパ3都市の都心における
歩行ルートのGPS調査

誰が	ステファン・ファン・デル・スペックとデルフト大学技術チーム
どこで	ノリッジ、イギリス／ルーアン、フランス／コブレンツ、ドイツ市中心
いつ	ノリッジ、2007年6月／ルーアンとコブレンツ、2007年10月
どのように	GPS分析とアンケート調査
出典	Stefan van der Spek, "Tracking pedestrians in historic city center using GPS" in *Street-level desires. Discovering the city on foot*, ed. Hoeven, Smit and Spek, 2008[52]

　2007年、デルフト大学技術チームのオランダ人建築家ステファン・ファン・デル・スペックはヨーロッパ3都市の都心で歩行者の行動調査を行いました。彼は歩行者がどの道とどのエリアを訪れたか、もしくは訪れなかったかを地図上に示すために、歩行者にGPS発信機を装着しました。この調査は、ショッピングやレクリエーション行動を対象に行われました。

　GPS発信機は都心の外縁部にある駐車場棟に車を停めた人に装着してもらいました。3都市（ノリッジ、ルーアン、コブレンツ）それぞれの都心に直接アクセスできる場所にある、都心の両側に立地するふたつの駐車場棟を選定しました。駐車場を選んだのは、被験者からGPS発信機を返却してもらいやすいからです。利用者に都心での予定を尋ね、ショッピングやレクリエーション行動を行うと答えた人を被験者として選定しました。被験者に調査の目的や内容に関する資料を渡し、GPS発信機の装着を依頼しました。被験者が駐車場に戻ってくると、アンケートに基本的な情報を書き込んでもらうようにしました。

　左ページの図のように、GPS発信機からの情報は調査エリアの地図上に点で示されます。この図は被験者の位置を3mから5mの精度で5秒ごとに点で表したものです。それぞれのラインは、読みやすくするためにひとりまたはグループの動きを表しています。

　3都市すべてにおいて、駐車場を利用した人は都市の大部分を使っていることが分かりました。何らかの理由で訪れられなかった場所もありましたが、駐車場を出た人びとは、都心全体を歩くということが明らかになりました[53]。この調査によって、車の運転手も街の歩行者であるという、自明ですが重要な点をたしかめることができました。

　現在GPSを用いた調査は急速に開発されており、近い将来この手法は非常に有効なものになると考えられています。

左図｜被験者は都市を歩き、駐車場に戻ってきたときに、インタビュアーがアンケートに基本的な情報を書き込む。
前ページ｜イギリス、ノリッジの地図
前ページ上｜GPS発信器の配布場所であるノリッジ都心外縁部のキャペールフィールド駐車場ビル
前ページ下｜都心へのもうひとつのアクセスポイントとなる聖アンドリュー駐車場ビル、GPS発信器が配布された。点は被験者たちのノリッジ都心での滞在と移動を示す。

6 | パブリックライフスタディ実践編

本章ではパブリックスペースとパブリックライフの関係について、大都市、小都市、近代都市、歴史的都市など多様なタイプの都市における調査研究について紹介します。数年間にわたり継続調査をした都市もあれば、短期間の調査を断続的に実施した都市もあります。これらの調査はヤン・ゲールとゲール・アーキテクツによって行われました。

　呼称からもわかるように、「パブリックスペースとパブリックライフに関する調査」は、空間の物的な枠組みとともに、パブリックスペースがどのように使われているかについての知見を提供するものです。その目的は、都市の物的環境を、人びとにとってより快適となるように改善することにあります。

　この調査研究は、さまざまな計画や戦略に関する政策づくりに際して、意思決定の情報源になるとともに、すでに実施された施策の事前・事後比較評価の具体的ツールとしても役立ちます。パブリックスペースとそこでのパブリックライフの関係性について、明確で論理的な知見を得ることは、議論の質を高め焦点を絞るために有効であることが証明されています。何らかの規制や行政的な手立てを講ずる場合は、とくに有効です。パブリックライフ研究は、専門家に対して政策議論を行うためのプラットフォームを提供するとともに、一般市民の関心をも呼び起こします。

　これまで多くの研究者がパブリックライフ研究を行ってきました。たとえば、アラン・ジェイコブスとピーター・ボッセルマンは、サンフランシスコで実践しました[1]。ヤン・ゲールとゲール・アーキテクツが実施するパブリックライフとパブリックスペースの調査研究についての特徴は、多数の国、文化圏における都市において、数十年にわたり継続的に実施されており、それによって場所や空間を超えた比較が可能となります。調査対象都市は自都市の経年的な変化を追ったり、他都市との比較をすることが可能となります。

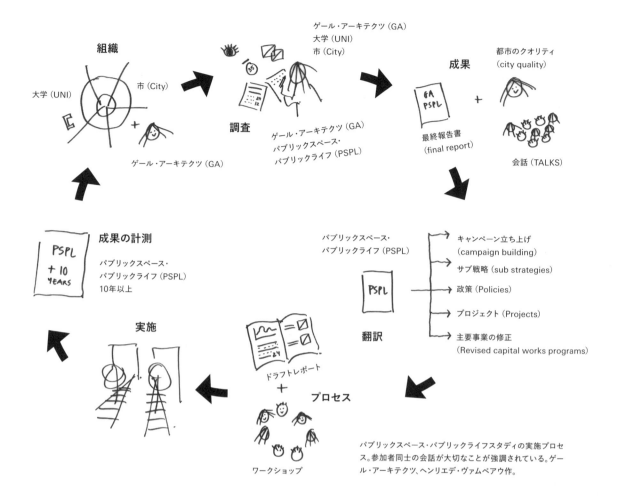

パブリックスペース・パブリックライフスタディの実施プロセス。参加者同士の会話が大切なことが強調されている。ゲール・アーキテクツ、ヘンリエデ・ヴァムベアウ作。

パブリックスペースとパブリックライフ調査

ヤン・ゲール、後年はゲール・アーキテクツによるパブリックスペースとパブリックライフ調査研究の内容はケースごと、都市ごとに異なりますが、いくつかの共通項目があります。たとえば歩行者数の計測、特定のアクティビティの記録などです。調査研究の結果は改善提案とともにクライアント、通常は地方公共団体に提供されます。

1968年、大都市圏におけるこの種の最初の調査プロジェクトが、コペンハーゲンで実施されました。その後、1986年に行われたコペンハーゲンでのスタディも研究が主目的であり、実施を前提としたものではありませんでした。実施を前提とした最初の調査、これこそがパブリックスペース・パブリックライフ調査と呼ぶべきものは、1996年に都市生活調査と一体的に実施され、以降の都市空間改善の実施に向け、強力なプラットフォームとなりました[2]。

それ以来、パブリックスペース・パブリックライフの調査研究は、地域の関係者すなわち市役所、NGO、地元経済界、大学など地域開発に関心のある人たちと、綿密な話し合いを持ちながら実施されてきました。

大学が参加する場合、学生が関わることが多くなります。学生にとって、調査と実現の過程を見ることはトレーニングになるばかりでなく、専門家として将来の職業について考える機会になります。計画プロセスやデザインにおいては、手法だけではなく、誰に、どのプロジェクトに優先順位を付与すべきかということも問題になります。

観察や計測をすることは、「目に見えること」、すなわち人びとは都市内のどこで、何人くらいが、何をしているのかを観察して記録するということです。パブリックスペース・パブリックライフ調査の長期目標は、計画プロセスにおいて人間を、よりわかりやすいところに位置づけることにあります。それは、インフラ、建物、舗装などよりも人間を大切にする都市づくりのために、最も基本的なことなのです。

線的調査：ロンドン

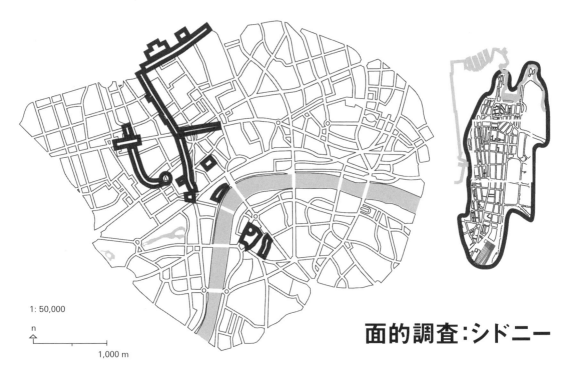

面的調査：シドニー

シドニーの対象エリアはわずか2.2km²なので、中心市街地全体を対象にしたエリアスタディを実施できた。一方ロンドンの高密度地区は24.7km²におよぶので、街路5.5km、公園53,800m²、広場など61,200m²を線的調査エリアとして選定した[4]。

面か線か

計画段階において、都市のサイズや対象地区の形状は、調査方法に大きな影響を与えます。対象地区が比較的小さくパブリックスペースや街路に限定されるなら、観察すべき区域は明らかです。対象地区に接し人びとが出入りする空間も含めて調査すると、有意義な成果が得られることが多くなります。

より広い地区、たとえば都市内のある区域が調査対象の場合、まず区域全体の特性やつながりを把握したうえで、最も興味深い場所を特定し、そこでのアクティビティを記録することは可能でしょう。多くのパブリックスペース・パブリックライフ調査は、そのような地区、たとえば中心市街地を対象に行われています。

この観点で見ると、驚くべきことに、多くの中心市街地はほぼ同様なサイズから成っていることがわかります。都市人口は50万から数百万人と幅があっても、中心市街地のサイズは約1km四方、1〜1.5km²です。その理由としてひとつ明らかなことは、1km四方というのは歩くことのできる範囲、すなわち中心市街地のどこにでも歩いて行けるということであり、生物的要因による標準サイズと言えるでしょう。

多くの中心市街地の面積が約1〜1.5km²であることによって、それらの比較がしやすくなります。またそのサイズであることによって、調査はかなりシンプルで実施可能なものとなり、中心市街地全体をひとつの対象エリアとして捉えることができます。そのような調査はコペンハーゲン、ロッテルダム、リガ、シドニー、メルボルンおよび同程度以下の規模の中心市街地で行われてきました。

1km²以上のサイズになると、全エリアの調査は非常に高価になるため、対象地区を線形状に絞ることが効果的です。そこには代表的な街路、広場、公園などの場所を含むようにします。大都市における主要な個所を調査し、その結果をつなぎ合わせ、問題や可能性を明らかにすることで、エリア全体の詳細調査をしなくとも都市の性格を掌握することができます。その方法は、ロンドン、ニューヨーク、モスクワに適用されてきました[3]。

40年間：コペンハーゲン

10年間：メルボルン

2年間：ニューヨーク

パブリックスペース・パブリックライフ調査の効果

オーストラリア西部にあるカーティン大学サステイナブル政策研究所に提出された博士論文「ウォーカビリティを通したアーバンデザインの再発見──ヤン・ゲールの貢献」(2011年)〔原題Rediscovering urban design through walkability: An assessment of the contribution of Jan Gehl〕において、著者のアン・マタン〔Anne Matan〕は、ヤン・ゲールとゲール・アーキテクツが実施したパブリックスペース・パブリックライフ調査を活用した都市プランナー数名に対し、インタビューを行っています[5]。

「パブリックスペース・パブリックライフ調査の結果は、何に使えますか？」という質問に対し、最も多かった回答のひとつは、「実際に起こっていることについて、推定ではなく数字で示している」ということでした。この論文によって、パブリックスペースの使い方を、より広い視点から捉えることができるようになりました。あるスペースを単独のものとして捉えるのではなく、まず都市の全体像を示したうえ、異なる時刻、週、年における複数のスペースの相互関係性を示したのです。ある都市デザイナーは「パブリックスペースについて、調査前にもある程度の概念は持っていたが、調査によってその利用や空間のパターンがいっそう明らかになった」と語っています[6]。つまりこれらの調査によって、行動パターンと空間パターンのより一般的な関係性についての知見が得られることがわかりました。

パブリックスペース・パブリックライフ調査は、都市空間構成や使い方の現状分析のツールとしてだけではなく、フォローアップが容易なターゲットの設定や、空間を適切に機能させるための方策の修正に用いることも可能です。アン・マタンが研究によって得た結論は、パブリックスペース調査の活用により「都市空間において、シンプルで効果的かつ論理的に変化を起こすことができる」ということです。そのためには、他都市との比較を行うことも大切です。

パブリックスペース・パブリックライフ調査結果について率直に意見交換し、政治家や市民が都市の現状や最も望ましい将来像についての理解を共有することが重要です。

この章では、調査が都市の質の改善に用いられた例をいくつか紹介します。

コペンハーゲンの長い道のり

1996年、コペンハーゲンは実質的なパブリックスペース・パブリックライフ調査が行われた最初の都市となりました。それ以前には20～30年間にわたり、都市生活の調査がデンマーク王立芸術アカデミー建築学部によって行われていました。

デンマークの街路パターンは中世を源としており、それが大きく変わったことはありません。しかし、小さいながらも特徴的な変化が、長い時間をかけて少しずつ現れています。そのひとつは、駐車場面積の2～3％を人びとのスペースや自転車通路にするということです。このことは、コペンハーゲンは歩行者や自転車に優しい都市づくりをコンスタントに進めている都市である、という国際的な評価を得る一因となりました。

その変化には長い年数を要しており、約10年ごとに行われた都市生活調査報告書にそのおもな内容が記載されています。例えば、カーフリースペース（自動車乗り入れ禁止区域）の面積と、都市内における滞留型アクティビティ（立ち止まったり、座ったりなど）の数の間には直接的な関係があること、すなわちスペースがあるほど活動が多いことが示されています。

まったく同じ方法を用い、同じ条件下で、調査を2年、5年、10年ごとに行うことによって、都市の使われ方の変化を記録することができます。それにより、パブリックスペース・パブリックライフ調査は、つねに更新ができる情報バンクとなります。コペンハーゲン以外でもオスロ、ストックホルム、パース、アデレード、メルボルンでこのように継続的なパブリックスペース・パブリックライフ調査が行われています。

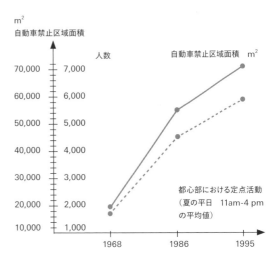

コペンハーゲンにおけるカーフリーエリアは、1962年から段階的に拡大されてきた。右のグラフは、1968、1986、1995年の都心部における定点活動の量（滞留型の活動をしていた人数）を示す。数字は夏の平日、午前11時から午後4時の間、4ヵ所の平均値を示す。定点活動量はその間約4倍になっており、自動車禁止区域の面積の拡大とほぼ同様の伸びを示した[7]。

メルボルン都心部 過去20年間 住宅数とカフェの劇的な増加

1982年　住宅204世帯、屋外カフェ2

1992年　住宅736世帯、屋外カフェ95

2002年　住宅6,958世帯、屋外カフェ356

2004年調査では、過去10年以内の取り組みによって、多くの人たちがパブリックスペースに滞留し、また多くの人たちが都心部に移り住んだことが記録されている。住民数は1992年には約1,000人だったが、2002年には約9,400人に達した。

カフェの座席数は1992年には1,949席だったが、2002年には5,380席になる。このことは徐々に都市の文化を変え、人びとがメルボルンの中心市街地で過ごす時間の増加につながっていった[8]。

- ◆ 公共住宅　1点＝5世帯
- ● アパートメント　1点＝5世帯
- ○ 学生向け住宅　1点＝5世帯
- ● 屋外サービスのあるカフェ
- ▲ 工事中

10年間のおもな成果——メルボルン

1994年、ヤン・ゲールは初めてメルボルンでパブリックスペース・パブリックライフ調査を行いました。対象地区であった都心はほぼ完全に商業、業務地区であり、住民はほとんどいませんでした。

この最初の調査は、その後に行われた調査の比較対象となり、調査後に実施された方策による変化を記録するベースとなりました。1994年から2004年にかけ、数多くの方策が実施されました。たとえば、建物の間の狭い通路は、快適に滞留したりぶらぶら歩いたりできる場所に変えられました。セントラル・スクウェアと新しい市庁舎プラザがつくられました。パブリックスペースがアートによって彩られました。その他にもさまざまなプロジェクトが実施され、メルボルンの中心市街地は、昼も夜も、住むにも訪れるにも、より魅力的な場所になっていきました。

1994年から2004年の間に、滞留できるパブリックスペースの面積は71%増加しました。メルボルン市は、街を歩いて通り抜けるだけでなく、ちょっと滞留することが楽しめるように、膨大な労力を費やしたのです。その努力が報いられたことは、2004年の調査報告を見ればわかるでしょう。都心部の夜間歩行者通行量は98%増加し、まちなかにちょっと滞留した人の数はほぼ3倍になりました[9]。

メルボルンにそのような変化をもたらしたのは、市が実施したパブリックスペース・パブリックライフ調査自体ではなく、政治家、都市プランナー、ビジネスマン、住民など幾多の人びとです。そのプロセスにパブリックスペース・パブリックライフ調査を入れたことによって、市のひとりの都市デザイナーが指摘したように、「人びとのためにデザインされ運営される」質の高いパブリックスペースを用意することの大切さが、より広く理解されるようになりました[10]。

メルボルンでは、パブリックスペースがどのように使われるかについて十分な知見を持つことは、単にその空間を効率的に機能させることよりも重視されています。シティライフ、すなわちまちなかで滞留したり社会的活動を行ったりすることについての調査研究が進行中です。人間を優先し、人間を主役においた都市計画が総合計画の一部に組み込まれているのです。

調査報告書は、1994年には市とヤン・ゲール、2004年には市とヤン・ゲール・アーキテクツの協働作業によって制作された。市が協働作業とした目的は、調査成果の所有権を持つとともに、それを単独の文書とするのではなく、市の広範囲な計画文書のひとつに統合することであった。市議会はその成果を受け入れ、具体的なプロジェクトに反映させるとともに、市の政策として戦略的に取り入れた。市の建築家でありスタディの指揮を執ったロブ・アダムズによれば、協働こそがメルボルンでのスタディの成功の鍵である[11]。

下の写真はメルボルンの典型的な路地。多くが活力ある都市空間に改変された。
左｜メルボルンの従来型の路地
右｜活性化した路地

ニューヨーク──短期間で劇的な変化

ニューヨークでは、都市をより歩きやすくするための変化を実行しようという、強い政治的意思がありました。2007年、マイケル・ブルームバーグ〔Michael Bloomberg〕市長は、野心的な計画であるPlaNYC2030──よりグリーン、より素晴らしいニューヨーク[12]──をスタートしました。この計画は、多くの住民にとってニューヨークをよりサステイナブルに、より住みやすくし、2007年から2030年の間に新たに100万人の住民を迎え入れようとするものでした。目標は、すべてのニューヨーカーの生活の質を高めることであり、多くの事業は街路の改善、自動車交通の削減などによって、パブリックスペースを見直すことに向けられました。ゲール・アーキテクツは、そのために包括的なパブリックスペース・パブリックライフ調査を実施しました。

一般的には、パブリックスペース・パブリックライフ調査は報告書を刊行することで完結しますが、ニューヨークの場合はそれ単独ではなく、市交通局が2008年に発行した「ワールドクラスストリート」というビジョンの主要部分として刊行されました[13]。

タイムズ・スクウェア近くのブロードウェイは、「ニューヨークを誰にとっても住みよくする」というビジョンを実現するために選ばれた場所のひとつです。同様の取り組みはマンハッタンの他の場所でも実施されましたが、タイムズ・スクウェアではニューヨークで最も劇的な変化が起こりました。

長年にわたり、大晦日にはタイムズ・スクウェアに世界中から人が集まり、新年を迎える光景が報道されていますが、その時以外は、タイムズ・スクウェアは基本的には自動車交通のための場所でした。

平常時に、タイムズ・スクウェアのどのくらいの面積が自動車に利用され、どのくらいが歩行者に利用されているか、正確な計測にもとづいて図に示されました。結果として、89%が自動車のためであり、歩行者用のスペースはわずか11%にすぎないことが明らかになりました。このことは多くの人にとって非常に驚きであり、その後の改善に向かう力となったのです。

この空間には歩道と、車道に囲まれた狭い歩行者島があります。そこには、通過するイエローキャブを避けるために逃げ込んだ数多くの歩行者がみられました。この89:11という数字は、21世紀のニューヨークをどのような都市にしていくべきかという議論において、大きな影響力を持ちました。

タイムズ・スクウェアをパブリックスペースとして占用することは、大きな論議を呼びました。ニューヨークは、世界で最もスピード感あふれる現代的な都市であり、イエローキャブはそのシンボルです(実のところ、街路を歩きやすいように改造した後、車も以前よりもスムーズに走れるようになったのですが、その話は別の機会にしましょう)[14]。ブロードウェイ沿いの、タイムズ・スクウェアなどいくつかの広場的空間を自動車乗り入れ禁止にするというプランは、市民の間に膨大な議論を巻き起こすことになりました。

ニューヨーク市の行動は迅速でした。2007年6月から2009年11月の間に、自動車優先の街路を歩行者優先に改造するとともに、322kmの自転車路を整備したのです。タイムズ・スクウェアでは、改造は実質的に一晩で行われました。交通が遮断され、路面アスファルトが塗装され、交通バリアやその他の仮設物が設置されました。仮設物とは、座ることのできる場所、折りたたみ椅子、フラワーボックスなどです。

それらの仮設物の導入効果を検証するため、歩行者数の調査が事前、事後に行われました。その結果は、このプロジェクトの成功を後押しするものでした。利用者数は大幅な増加を示しました。この記録は、以降、適切な場所に適切な仮設物を検討する際に有効な資料となりました。

車道を通る歩行者

45番ストリートと46番ストリートの間の7番アベニューすなわちタイムズ・スクウェアにおいて、自動車通行を止めた前後において、自動車通行用のスペースを歩いていた人の数。計測は午前8時30分から午後1時まで行った。

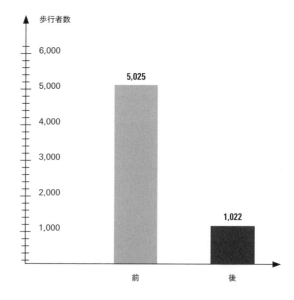

パブリックスペース・パブリックライフ調査は、急激に変化するニューヨークにおいて、個別のパイロットプロジェクトの効果を計測するとともに、市全体の変化を把握する目的を持って、継続的に行われています。市交通局コミッショナーのジャネット・サディク・カーン〔Janet Sadik-Khan〕は、この調査は市内の街路を全く新しい角度から見直す方法であると語りました。「2〜3年前までは、ニューヨーク市内の街路は50年前と同じであり、よい状態とは言えませんでした。今、われわれは、街路を人びとの今の住まい方に合わせて更新しています。われわれは人びとのための街路をデザインしているのであり、車のためではありません」[15]。

パブリックスペースにおけるパブリックライフを記録することによって、ニューヨークの都市文化を変えていこうという政治的意図が支持されています。記録することが物的枠組みの更新につながり、文化の変化を起こしたというほうが正確かもしれません。

パブリックスペース・パブリックライフ調査は、既往状況の確認から始まります。アニー・マタンが博士論文で結論づけたように、「都市研究は、『都市はどうあるべきか、どのようであったか、そして問題は何か』に焦点を当てることが多く、現在の物的状態や管理についてはないがしろにしがちです。パブリックスペース・パブリックライフ調査は、将来ではなく、まず現在の日常生活に焦点を当て、現状を見直す機会となります」[16]。

ニューヨークでは改造は急激に行われましたが、他の一般的な都市ではもっと穏やかに行われることでしょう。しかしニューヨークの変化は、アメリカや世界の諸都市に対し、大きな検討課題や刺激を与えました。事前事後の統計調査や写真による記録は、導入結果を検討するために不可欠なものです。

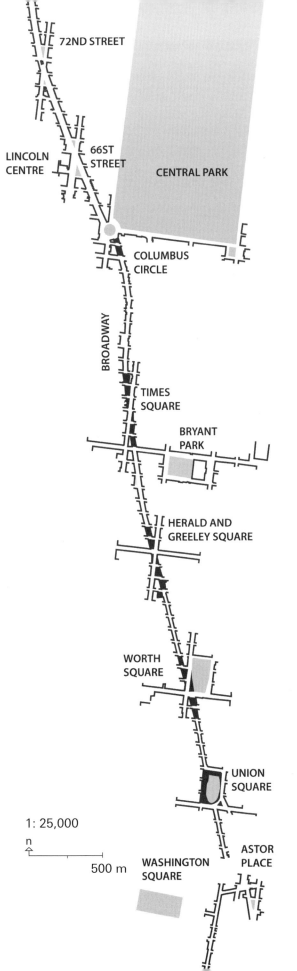

ブロードウェイでは、当初は実験的に、タイムズ・スクウェアとヘラルド・スクウェアで自動車通行止めとされた。事前事後の比較調査結果や、生み出された新しいパブリックスペースの人気の高さにより、今では常時自動車通行止めとなっている。総面積35,177m²のパブリックスペースが人びとに返されただけではなく、自動車にとっても通行にかかる時間が17%短縮された。車道を歩く人はずっと少なくなり、交通事故でけがをする人は35%減少した。

事前事後の歩行者数調査結果によると、タイムズ・スクウェアは、市内でも静的な行動が多い場所に変わった。歩行者数の増加は11%とさほど多くないものの、人びとが立ち止まったり座ったりする行動は、84%増加した[17]。

タイムズ・スクウェア　2009年春

タイムズ・スクウェア　2009年夏

シドニー──報告書をもとに、街路や広場の改善を実施

シドニーでは、2007年にパブリックスペース・パブリックライフ調査が実施されました。ひとつの成果として、シドニーをより歩きやすい街にするために、一体的な歩行者ネットワーク形成が早急に必要であることが明らかになりました。また、市の背骨としてメインストリートを明確に位置づけること、そのメインストリート沿いに3つの広場を選び、市のアイデンティティを強化することも提言されました[18]。ジョージストリートがメインストリートの候補とされました。この報告書は2007年に発行され、それを機にジョージストリートの改修が始まりました。

2013年、ジョージストリートは自動車とバスを通行止めにし、かわりに新しく路面電車を走らせ、歩行者道路とすることが決定されました。

2007年、シドニーでパブリックスペース・パブリックライフ調査が実施された。それ以来、いくつかの特定された街路において、その提言をもとにデザイン方針が示された。そのひとつにジョージストリートがあり、南北方向の主要動線として位置づけられた。ジョージストリートおよびそれに接続する広場の詳細デザインと実施戦略は、2013年に策定された。

George Street Concept Design
City of Sydney with Gehl Architects

This document sets out the design principles that will guide the detailed design of George Street. It outlines strategies and concepts for improving the public realm in concert with the State Government's light rail project.

The ideas and images in this document have been tested to ensure that the City's $180 million investment is spent wisely and can achieve the public benefit that we strive for.

ジョージストリート（George Street）コンセプトデザイン

シドニー市
協力｜ゲール・アーキテクツ

この文書はジョージストリートのデザイン方針をまとめたものであり、詳細のデザインにつながるものである。公共空間改善の戦略とコンセプトを示すものであり、州政府のライトレールプロジェクトとも関連する。

この文書に記述されたアイデアとイメージは、18億ドルに及ぶ市の投資が無駄にならず、われわれが望んでいる公共の利益を実現するものとなるか、繰り返し検証されている。

シドニー
ジョージストリートの
6年間

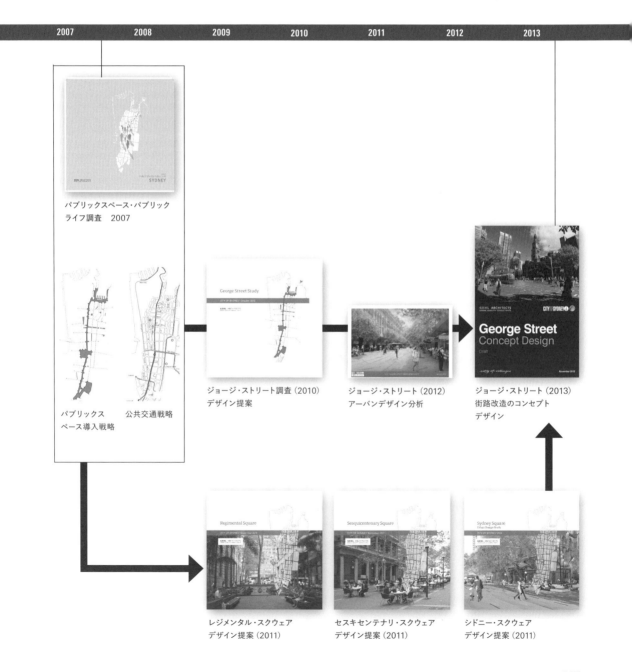

ロンドン──節目となった議論

パブリックスペース・パブリックライフ調査の直接的な成果は、時として明らかでない場合もあります。理由として、調査による提案内容を実施するのに時間がかかること、調査のみが変化を起こした要因ではないことなどが挙げられます。調査による提言内容とその後の実施プロジェクトは必ずしも一致しないこともあり、調査の最大の貢献は必ずしも目に見えるものとはかぎりません。最大の貢献は、市の将来について専門家、政治家や市民が議論するようになった、ということもあり得るでしょう。

ロンドンでは、パブリックスペース・パブリックライフ調査が2004年に行われました[19]。その後、セントラル・ロンドン・パートナーシップの代表であるパトリシア・ブラウン〔Patricia Brown〕は、「ロンドンで初めて『人びとのための街路』が人びとの間で話題になっている」とコメントしました。この調査は、市に対して今後の都市整備に関する思考プロセスや実施方策、議論のプラットフォームを提供することになりました[20]。

2004年報告書は、初期の調査箇所としていくつかの場所を特定しています。歩道が非常に混み合い、快適な歩行ができなくなっている箇所がいくつかありました。そこには許容量以上の都市活動があるのかもしれません。ロンドンのパブリックスペース・パブリックライフ調査では、流れゆく歩行者や滞留者の人数調査に加え、写真による記録も行われました。多くの人たちは、パブリックスペースがもつ構造的な制約、すなわち歩道幅員、地下鉄の出入口、歩行誘導のための設置物や障害物などに応じた歩行径路を取っていました[21]。

ロンドンの調査結果は、ニューヨークほど迅速には、目に見えるものとして活かされませんでした。交差点部改善の必要性は認識されていましたが、ロンドンのプランナーたちは、局所的な対処だけではなく、街路を人びとに開放するための新たな政策やアクセスルートについても検討していたのです。

オックスフォードサーカスの許容しがたい状況

街歩きによる発見

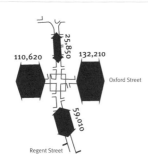

夏, 土曜日　10AM-6PM
オックスフォードサーカスの歩行者数
オックスフォードサーカスはロンドンで最も混雑している地区のひとつである。交差点を横断する歩行者、地下鉄駅に向かう人びと(32万人/日)で非常に混み合う。

オックスフォードサーカスの構成要素
現在のオックスフォードサーカスには、あまりにも多すぎる構造物、障害物があり、その配置も問題である。これらの障害物によって歩行空間が狭められている。全部で85の物体があり、ガードレール総延長は199mにおよぶ。

歩行パターン　南東のコーナー
商業活動、地下鉄出入口、店からはみ出した商品によって、利用可能な歩行空間が狭められている箇所において、歩行者の混雑が発生している。
計測箇所　歩行可能な空間の幅　3.5m

計測箇所
歩行可能な空間の幅　3.5m

記録　5:30PM
歩行者数1時間当たり　9,372人
1分あたり156人

望ましい歩行者容量:
1分あたり・有効幅員1mあたり、歩行者数13人であるので、13×3.5m=46人／分。
実際の歩行者数は、快適な歩行ができる状態の3〜4倍に達していることがわかる。

オックスフォードサーカス
南東コーナー、夏の平日　5PM

オックスフォードサーカスは雑然とした雰囲気

5:30PMから5:45PMの間に、地下鉄駅に8,000人が入っていった

新聞スタンドが歩行空間を狭め、混雑の一因となっている

その後数年間に、2004年報告書をもとにして検討が進展し、さまざまなプロジェクトが芽生えていきました。2013年夏には、リージェントストリートのようなショッピングストリートを自動車通行止めにするなど、多様な可能性を検証しようという計画ができるまでになりました。それは、ニューヨークのブロードウェイを通行止めにするという、大胆で象徴的なプロジェクトに触発されたものでもあったでしょう。その他、歩行者の環境を改善するための、大小のプロジェクトが実施されました。

2010年に行われたオックスフォードサーカスの改造は、一連の新しいプロジェクトの成功例のひとつです。

前ページの図｜レポートからの抜粋。「パブリックスペースとパブリックライフ——人びとにとってよりよい都市にむけて——ロンドン2004」の1ページ。ロンドン中心部、オックスフォードサーカス周辺　歩道の混雑状況を示したもの[22]。

2010年、オックスフォードサーカスは斜め横断ができるように改造された。それ以前はフェンスや障害物に仕切られた通路のみ歩行可能で、最も直進的なルートを歩くことはできなかった。2004年報告書やその後のアトキンス（Atkins）による調査で実証されたとおり、改造前でも多くの人は障害物を乗り越え、直進ルートを取って歩いていた[23]。人びとは、たとえ障害や交通安全上の問題があったとしても、いつも最短ルートを選択したいのである[24]。アトキンスは調査後、新しい交差点のデザインを担当した。

下｜2010年、改造後のオックスフォードサーカス

ケープタウン——訪れたチャンス

　パブリックスペース・パブリックライフ調査はいろいろな都市で行われますが、それが歩行者や自転車のおかれた状況やパブリックライフの改善に向けた政治的意思につながるかは、都市によって異なります。

　調査は都市計画における市民の位置づけを高める手法として有効です。しかし調査結果を活用しようという意思はあっても、何らかの政治的、経済的理由によって、調査報告書が書棚に積まれたまま放置されている例もあります。前任者と同じことはしたくない新任の市長や都市プランナーが原因のこともあるでしょう。

　一方、放置されてから数年間して、報告書が日の目を見ることもあります。政治的環境が変わったり、または別の力が働いたりして、調査結果の一部あるいは全部が実施されるといったこともあります。

　ゲール・アーキテクツは、2005年に南アフリカのケープタウンでパブリックスペース・パブリックライフ調査を実施しました[25]。その後しばらくは何も起こりませんでしたが、ケープタウンが2010年FIFAワールドカップサッカーの開催地に決まって以来、報告による提言の一部を実施しようという機運が高まりました。

ワールドカップサッカー2010南アフリカ大会期間中に、ケープタウンで行われたファン・ウォーク。この道路は大会のためにつくられたもので、サッカースタジアムと中心市街地を結ぶ。観戦に訪れる多くの人たちの交通手段として、他の方法よりも、歩いてスタジアムに向かうことを意図してつくられた。また、ケープタウンで以前から必要性が高かった、市民にとっての新しいアクセス道路や出会いの場をつくるという意義もあった。ワールドカップは、ファン・ウォークのような大きなプロジェクトを実現するための絶好の機会となった。それらのプロジェクトの種は、2005年のパブリックスペース・パブリックライフ調査によって蒔かれたものである。

比較できるか?

　パブリックスペース・パブリックライフ調査について、ローカルレベルで調査の精度を上げるには、データ数を増やせばよいでしょう。一方、より広い視野で見た場合、実践面でも研究面でも、地理的条件の異なる都市や、同一都市で年代を越えた比較ができることは重要です。さまざまな比較が可能であり、有効です。たとえば、ある都市のメインストリートに人を呼び込むために、同様な他都市のメインストリートにおける調査結果を見ることによって、アイデアや示唆が得られるでしょう。

　研究目的であれば、ひとつの都市において、長年にわたる調査の方法や結果を比較することにより、パブリックライフがどのように変化してきたかについて普遍的な結論が得られるかもしれません。一方、実践を担当する都市プランナーは、短期間で結果を出せる方法を探します。

　時代や地理的条件が異なる調査の結果を比較するには、システマチックな方法が必要です。まず、どのような調査にせよ、それが行われたときの状態すなわち年月日、曜日、時間帯、天候、記録方法、その他調査に関する事項を正確に記録しておくことが重要です。

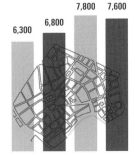

ある冬の夜に灯がついていた窓の数
コペンハーゲン中心部で、ある冬の夜11時に灯がついていた窓の数。1995年と2005年の比較調査。

コペンハーゲン中心市街地の居住者数

1996年にコペンハーゲンで行われた調査では、灯がついている窓の数が、コペンハーゲン中心部における活動状況のひとつの指標として採用された。当時は多くの中心市街地で空洞化が進み、仕事が休みになる週末は、とくに人がいなくなる状況であった。調査員は自転車でコペンハーゲンの中心市街地を回り、灯がともっている窓の数をカウントするとともに、別途得られた居住者数統計データと比較した。窓の灯の数調査は、都心部に居住者がいることのメリット、とりわけ防犯性や安全性を具体的に示すものとなった。10年後に同じ調査が行われ、人口の増加に比例して灯のともった窓の数も増えていた[26]。

パブリックスペース・
パブリックライフ調査

ゲール・アーキテクツによって調査が実施された都市のマップ。
これらの多くは、時間や空間を超えて、比較に用いることが可能である。

1968	コペンハーゲン、デンマーク
1986	コペンハーゲン、デンマーク
1988	オデンセ、デンマーク / オスロ、ノルウェー
1989	オデンセ、デンマーク
1990	ストックホルム、スウェーデン
1994	メルボルン、オーストラリア / パース、オーストラリア
1996	コペンハーゲン、デンマーク
1998	エディンバラ、スコットランド / オデンセ、デンマーク

London, Great Britain
2004

Copenhagen, Denmark
1968, 1986, 1996, 2006

Oslo, Norway
1988, 2013

Odense, Denmark
1988, 1998, 2008

Stockholm, Sweden
1990, 2005

Edinburgh, Scotland
1998

Perth, Australia
1994, 2009

Melbourne, Australia
1994, 2004

Wellington, New Zealand
2003

Cape Town, South Africa
2005

Sydney, Australia
2007

Vejle, Denmark
2002

1: 50,000
1,000 m

メインストリートの歩行者数（夏の平日）

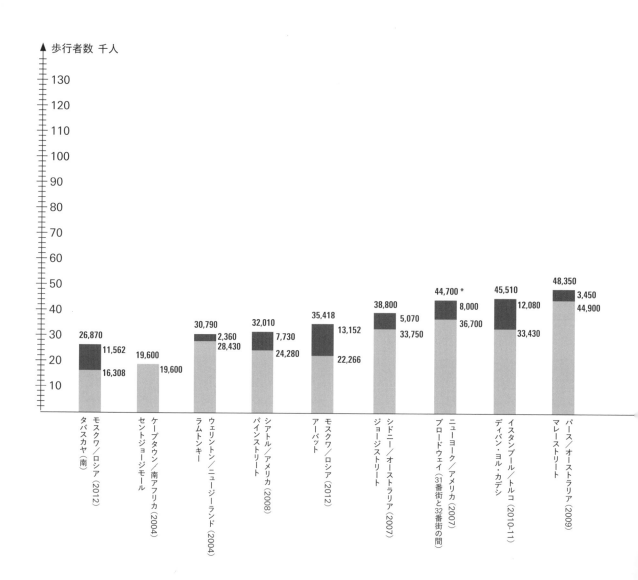

世界各地で行われた
パブリックスペース・パブリックライフ調査

多いとはどのくらいで、少ないとはどのくらいなのでしょう？ 広場の滞留者数や歩道の通行人数などについて、ある都市の調査結果が示す数字の持つ意味を理解するには、類似の他都市との比較が役立つかもしれません。

多数の都市における行動調査記録方法のベースとして、ヤン・ゲールとゲール・アーキテクツでは、地理的条件が異なる都市間の調査結果を比較可能とするための材料を集めています。同様な規模や人口の都市を比較することは当然と思われるかもしれませんが、たとえばこのページに示すようなメインショッピングストリートを比較する場合、最も多くの歩行者でにぎわうメインストリートは、規模が最大の都市であるとはかぎりません。オスロのショッピングストリートの土曜日の利用者数は、ロンドンのリージェントストリートを上回っています。モスクワには数百万人が住んでいますが、この歩行者通行者数リストではかなり下位になっています。

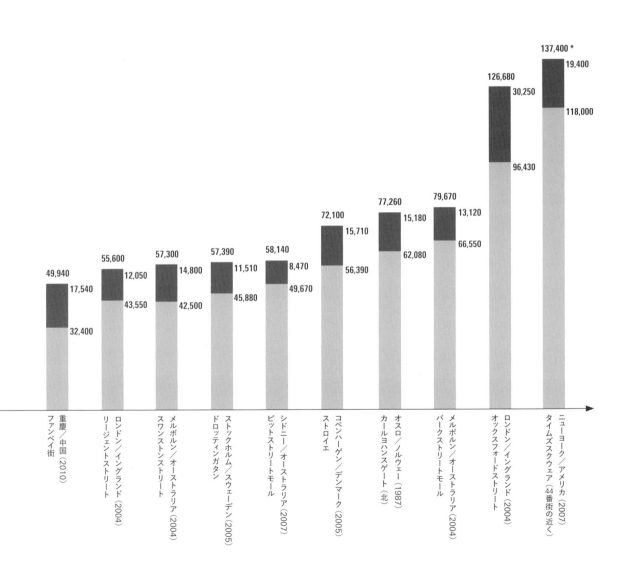

パブリックスペース・パブリックライフ調査
── 年代を超えて

　同じ地区で、複数の年代に実施されたパブリックスペース・パブリックライフ調査を比較検討することで、地域の個性や変化をよりよく捉えることができます。調査を積み重ねることで、都市生活が社会の変化に応じてどのように変化してきたか、より普遍的な答えを得ることができます。

　コペンハーゲンでは、1968年以来、パブリックライフ調査が同じ方法で継続的に行われています。その結果を活用し、数十年にわたる都市生活の変化を歴史的にたどることが可能です。たとえばコペンハーゲンでは、その期間内に、さまざまな選択肢のある都市レクリエーション活動が非常に増加しました。最低限必要な活動から、さまざまな選択肢のある活動へという変化は、社会の発展や成熟の成果であり、それによって、パブリックスペースがどのように使われるかが変化します。どのような活動が起こっているかを記録することによって、社会の変化や、空間がそれをどのように受け入れてきたかも記録されます。

　人びとがパブリックスペースで時間をすごすことが必然でない場合、人びとを屋内から屋外に引き出すには時間がかかります。その方策として、コペンハーゲンにおける40年間にわたる調査によって、質の高いパブリックスペースをつくることが効果的であることがわかりました。その要諦はヒューマンスケールを保ったデザインであり、それができていれば、滞留できるスペースを広くすれば、より多くの人が集まります。

　近年行われた2006年調査によって、パブリックスペースが活性化していくプロセスが得られました。新しいタイプの行動を記録するためには、そのためのツールや分類方法も進化させなくてはなりません。それによって、新しい行動パターンやその他の変化を的確に把握し、パブリックスペースがどのように、何の目的で使われているかを記録することができます[27]。

この写真は2010年のコペンハーゲンハーバーで、工業用の建物が除去され、住宅やレクリエーションゾーンとなっている様子である。長年、このハーバーは泳ぐには汚れすぎていた。ハーバーの隣にあるのは2002年にオープンした「パブリック・ハーバー・バス」で、市民たちの努力によって実現した。彼らはまた、ハーバーの脇に多層建築をつくるプラン策定にも尽力し、実現した。その建物では、夏の午後遅くまで快適な日差しを楽しめる。ここはコペンハーゲン市庁舎からわずか1kmの場所であり、夏の間は連日、レクリエーション中心の多様なパブリックライフを実現できることが実証された。

1885年から
2005年までの
パブリック
ライフの発展

必須の行動が中心であり、パブリックライフの質は省みられなかった。

オプショナルアクティビティを増やすには、質の高いパブリックスペースが必要

車の侵入

パブリックスペースの再生をめざした調査と計画
　－歩行者のみち
　－パブリックライフと都市的行動
　－自転車の再興
　－交通静穏化

*New City Life*という本に掲載された上の図は、1880年から2005年までのパブリックライフを総括している。20世紀初頭、パブリックスペースで行われていた行動の多くは必要に迫られたものであった。これはバンやトラックが市内に侵入する以前のことであり、市内物流は人か馬に依存し、その他の交通の大半は徒歩であった。多くの人たちが、路上を働く場として用いていた。20世紀を通し、物流形態は変化し、都市空間は次第にレクリエーションやレジャー的な行動の場となった。したがって、パブリックスペースの質の高さがいっそう求められるようになった[28]。

ヴィロ・スィグアトソン
(Villo Sigurdsson)
都市計画部長
1978-1986

ゴナ・スターク
(Guuna Starck)
都市計画部長
1986-1989

オト・カススィル
(Otto Käszer)
シティ・アーキテクト
1989-1998

イェンス・ローベク
(Jens Rørbech)
シティ・エンジニア
1987-1999

ベンデ・フロスト
(Bente Frost)
建築建設部長
1994-1997

セーアン・ピン
(Søren Pind)
建築建設部長
1998-2005

クラウス・ボンダム
(Klaus Bondam)
技術・環境行政部長
2006-2009

リト・ビェアアゴー
(Ritt Bjerregaard)
コペンハーゲン市長
2004-2009

ティーナ・サアビュ
(Tina Saaby)
シティ・アーキテクト
2010-

アイフェル・バイカル
(Ayfer Baykal)
技術・環境行政部長
2011

7 パブリックライフスタディと都市政策

デンマークのコペンハーゲンは、パブリックライフに関する包括的な調査研究を10年以上にわたり実施した世界最初の都市です。コペンハーゲンでは40年以上、調査結果がパブリックライフ政策の立案と実施に決定的な影響を与えてきました。その過程において市政府とビジネス団体は、徐々にパブリックライフ調査を、利用者本位の都市開発を行うための有効なツールとして認識するようになりました。調査主体は、最初は大学の建築学科であったものが、市主導へと展開していきました。コペンハーゲンでは今や豊かなパブリックライフは市の包括的政策のひとつとして、他の政策と同様に当然のこととして取り入れられ、文書化され、実施されています。

　どのようにしてそこまでに至ったか、紹介しましょう。

1962年以来、歩行者のためのみち

　コペンハーゲンのメインストリートであるストロイエは、1962年11月に、自動車交通の道路から歩行者へのみちに転換されました。それは激しい論戦を経て実現されたものでした。「われわれはデンマーク人であり、イタリア人ではない。車の通行を許さないパブリックスペースなど、スカンジナビアの気候や文化でうまく行くはずがない」[1]。

　しかしともかく街路は車通行止めとされました。その時点ではそれだけのことで、とくに革新的なことは何もありません。普通のアスファルト舗装の車道、縁石と歩道があり、ただ実験として車を止めてみたものでした。さまざまな点で、1962年のストロイエの自動車の通行止めは先駆的な努力でした。それは、ヨーロッパで初の通行止めではありませんが、中心市街地の著名な街路において自動車交通の圧力を減らすことを意図した最初の例でした。その発想はおもにドイツの諸都市から得られたもので、ドイツでは第二次大戦後の都市再建において歩行者街路ネットワークが確立されていました。それらの都市では、コペンハーゲン同様、都心部の商業強化が目的であり、顧客が買い物をしやすいスペースと快適な状況を提供することが主目的でした。それは実際に効果があがり、都心に利益をもたらすことになりました。そのような中心市街地が、1960年代に郊外に展開しはじめたアメリカ型ショッピングセンターのライバルとして、再び台頭してきたのです。

　幅11m、延長1.1kmの街路と、いくつかの小さな広場全体を含むストロイエ全体が、歩行者のみちに転換されました。自動車を利用しないなどデンマークでは不可能だという多くの予測があったにもかかわらず、その新しいみちはまたたくまに人気を博し、歩行者通行量は初年度に35%増加しました。1965年には歩行者専用道路は一時的な実験ではなく常態化され、さらに68年、コペンハーゲン市はストロイエを歩行者専用とし、街路と広場の舗装をやり直すこととしました。ストロイエの成功は確信的なものとなったのです[2]。

上｜コペンハーゲン、アマートーヴ通り、南からの景観、1953年
下｜同じくアマゲトロフ通り、同じ場所、2013年

コペンハーゲンにおける
パブリックライフ研究

| 1960 | 1970 | 1980 | 1990 | 2000 | 2010 |

Mennesker til fods
(People on Foot、
デンマーク語のみ)
Arkitekten, No. 20, 1968

Byliv(City Life、デンマーク語
のみ)*Arkitekten*, 1986

Public Space Public Life(単行本、
The Danish Architectural Press
and the School of Architecture,
The Royal Danish Academy of
Fine Arts,1996

New Life Style
単行本、The Danish
Architectural Press,2006

コペンハーゲンにおいて、40年間にわたり、約10年ごとに実施されたパブリックライフ調査の結果が掲載された出版物。当初は雑誌の記事であったものが、やがて単行本になった。

1966-71年
──建築学部における初期調査

1966年、ヤン・ゲールは王立デンマーク芸術アカデミー建築学部において研究職を得ました。テーマは、「都市と住宅地における人びとの屋外空間活用」でした。ゲールはイタリアで同じテーマについて数件の調査研究実績があり、妻で心理学者であるイングリッド・ゲール（Ingrid Gehl)と共著で、イタリアの調査研究に関する数本の記事を、デンマークの建築専門誌である*Arkitekten*誌に掲載しました。1966年のことです。その記事は、イタリア人はどのように公共の広場やスペースを日常的に使っているかを記述したものであり、大きな関心を呼び起こしました。そのような著作はそれまでなかったものであり、新しい分野の開拓となりました[3]。

ゲールに対し、建築学部はさらに4年間の研究職を提供しました。そのころ、ちょうど新しく開通した歩行者道路であるストロイエを、人びとの屋外空間利用に関する調査研究の場として用いることが決定されようとしていました。

コペンハーゲンにおける調査は、最も基礎的なものでした。当時、人びとの屋外空間利用に関する知見はほとんどなく、あらゆる種類の疑問に対して回答が必要でした。そのため、ストロイエにおける調査研究は翌1967年、さらにその後も継続的に行われました。そこで、歩行者数やアクティビティの種類などのほか、数多くのデータが収集されました。

調査は、多様な歩行者路に沿ったさまざまな箇所における行動を調査するもので、毎週火曜日、年間を通して行われました。補足としてそのほかの平日や週末、さらにはフェスティバル開催時や祝日においても実施されました。女王マーガレットII世が誕生日に馬車で通行されたときには、街路はどのように機能したか？ クリスマスの混雑時には、狭い道はどのように人を捌いているのか？ 日ごと、週ごと、月ごとの変化のリズムが記録され、冬と夏の違いが検証されました。さらに、以下のよう

な疑問についても調査されました。人びとはみちをどのくらいの速さで歩いているのか？　ベンチはどのように使われているか？　最も人気がある座り場所はどこか？

人びとが座れる場所を利用し始めるには、気温は何度以上必要か？　雨、冷たい風、日差し、日陰の影響はどのようか？　暗さや照明の影響は？　利用者グループは、それらの状況変化によってどのくらい影響を受けるのか？　誰が一番早く家に帰り、誰が最も長く留まっているか？

最終的には膨大な資料が収集され、イタリアとコペンハーゲンにおけるその調査成果がまとめられて、1971年に『建物のあいだのアクティビティ』が出版されました[4]。コペンハーゲンにおける調査結果は、その出版以前にデンマークの複数の専門誌に掲載され、都市プランナー、政治家、実業家たちの間でかなり着目されました。そこでは、年間通して都心部がどのように使われており、どのような状況があれば人々が集まってきて時間を過ごすかが、詳細なデータによって示されました。

そこから建築学部のパブリックライフ研究者と市のプランナー、政治家、実業家たちとの対話が開始され、現在も継続しています。

コペンハーゲンにおけるパブリックライフ調査──1986年

そのころコペンハーゲン都心部では、新たな一連の変化が起こっていました。すでに改修されていたパブリックスペースに、新しい歩行者路と自動車通行禁止の広場が追加されたのです。1962年には、自動車通行禁止のパブリックスペースは全部で15,800m²でした。1974年までに、自動車通行禁止のパブリックスペースは49,000m²まで増加し、港近くの堀端ストリートであるニューハウンが1980年に加わることによって、歩行者専用エリアは66,000m²に拡大しました。

コペンハーゲンにおいては、1986年にあらためて総合的なパブリックライフ調査が行われました。これも前回同様、王立デンマーク芸術アカデミー建築学部の主催でした[5]。1967-68年調査の簡潔な結果報告が1986年調査の実施につながり、その18年間に起こったパブリックライフの変化が解き明かされることになりました。

デンマークのストリートから、ユニバーサルな提言へ

Life Between Buildings〔邦題：建物のあいだのアクティビティ〕は、1971年の初版以来、英語、デンマーク語で重ねて再版され、またベンガル語、韓国語など多くの外国語に翻訳された。その本に紹介された事例の多くはデンマークおよび西欧諸国のものであるにもかかわらず、世界中から注目されたということは、同書に記載された観察や原則がユニバーサルであるためかもしれない。大陸や文化の違いはあるが、すべての人びとは、多かれ少なかれ、歩行者である。

本の装丁は年月を経て変更され、後の版になるほどユニバーサルになっていった。左の写真は1971年、初版のデンマーク語のものである。ストリートで行われているパーティの写真は、1970年ごろの、デンマーク第2の都市であるアーフスのシェランスゲートであり、当時の「集い」をテーマとしたものである。まるで、ヒッピーたちが建物の間で開いていた集会のようである。1980年以降の装丁はより落ち着きのあるものになり、スカンジナビアの典型的な小さな町をイメージしたものである。1996年以降は、時間や場所に特定性がないグラフィック表現を用いている。このように表紙の装丁にも、この本が時間や場所を超越し、広まっていったことが表現されている。

1971　　　　1980　　　　2003

1967-68年調査は、当時の都市がどのように機能し、使われていたかを把握する基礎資料となりました。67年調査の方法を注意深く継承し前提条件を確認することによって、18年の間にパブリックライフがどのように変わったか、そして大きく拡張された自動車通行禁止区域がどのような影響を与えたかを把握することができたのです。

国際的な視点からすると、コペンハーゲン市が実施した1986年調査こそ「これが現時点における都市の状況を示すものである」と世界に宣言できる水準の基礎調査であるといえるでしょう。今日ではその調査をベースとして、長い年月にわたるパブリックライフの発展を俯瞰することができるのです。

最初の調査と同じように、1986年調査も建築専門誌 *Arkitekten* の記事として掲載され、これも都市プランナー、政治家、実業家たちから広範囲の関心を集めました。当時のパブリックライフの状況が的確な文書で表現されただけではなく、1968年から86年間にどのような変化があったのか、通観することができたのです。端的に言えば、1986年には68年に比べ非常に多いアクティビティがまちなかで発生していました。それは、拡張されたパブリックスペースがアクティビティの増進に寄与したことを示すものです。適切なスペースが用意されれば、それに応じて適切なアクティビティが増加するのです。

1986年調査は、その後パブリックスペース・パブリックライフ調査として知られるようになった調査の発端となりました。この調査は、都市におけるさまざまな行動（＝パブリックライフ）によってもたらされる、さまざまな空間（＝パブリックスペース）についての関係性の観察記録を集積したものであり、都市が全体として、あるいはその各部分が、どのように機能するかを記録したものです。

1986年調査は、建築学部の研究員と市役所のプランナーの協力を進める触媒ともなりました。セミナーや会議が開かれ、そこでパブリックライフの発展経緯が示され、市の計画が議論されました。コペンハーゲンにおけるパブリックスペース・パブリックライフ調査はスカンジナビア諸国でも着目され、その後まもなく、同様の調査がノルウェーのオスロ、スウェーデンのストックホルムにおいて、コペンハーゲンの建築学部の支援を得て実施されました。

上｜ガメルトーヴ／ニュトーヴ、コペンハーゲン、1954年
下｜ガメルトーヴ／ニュトーヴ、コペンハーゲン、2006年

1996年と2006年のコペンハーゲン調査

10年後の1996年、コペンハーゲンは「年間ヨーロッパ文化都市」に選ばれ、そのために多数のイベントが企画されました。建築学部ではその祭典に貢献するため、包括的なパブリックスペース・パブリックライフ調査を行うことを決定しました[6]。それら一連の調査は、次第にコペンハーゲン独自のものとなっていきました。パブリックライフは1968、1986年に記録されており、そして1996年、最初の調査から28年後に、再び記録されることになったのです。

1996年調査は意欲に満ち、発展的なものでした。多数の歩行者数や滞留者数の調査、行動観察に加え、初期の観察調査ではわからなかったことについて、インタビュー調査を実施したのです。中心市街地に来ているのは誰か？　来訪者はどこから来ているのか？　市への交通手段は何を利用しているのか？　どこから、なぜ、どのくらい時間をかけて、来訪頻度は？などの基礎的な質問から、中心市街地での楽しい経験、不快な経験など、さまざまなインタビューが行われました。それらの質問を来訪者に行うことで、観察調査に新たな価値ある一層のレイヤーが加わることとなりました。

1996年調査では、建築学部の研究員が調査の主力メンバーでしたが、調査は単に研究目的のものではありませんでした。複数の財団、コペンハーゲン市、観光・文化関係組織およびビジネスコミュニティからサポートが得られました。パブリックスペース・パブリックライフ調査は、基礎的研究の段階を終え、都心部の成長を運営管理するための知識を得るための手法として認識されるに至ったのです。

1996年調査は、*Public Spaces Public Life* というタイトルで、ヤン・ゲールとラース・ゲムスーの共著として出版されました。その本には、数年間にわたる調査結果に加え、1962年から96年までの都心部の開発についての概要が記載されています。さらに、自動車中心の都市社会から、歩行者とパブリックライフについて真摯に配慮した交通への変化についても記載されています。その本はデンマーク語だけでなく英語でも出版され、パブリックスペース・パブリックライフについて英語で書かれた最初の本となりました。

長年にわたる取り組みの成果により、コペンハーゲンで始まったパブリックスペース・パブリックライフ調査と都市生活を基盤とするコペンハーゲン型の開発は、国際的に認められるようになっていきました。コペンハーゲンのサクセスストーリーは各地に広まり、2005年には *Public Spaces Public Life* の中国語版が出版されました。

2006年、建築学部により、4回目の包括的なパブリックライフ調査が実施されました。主体は、新しく創設されたパブリックスペース・リサーチセンターでした。その目的は都心だけではなく、都心から外周部まで、また中世の都心部や最近の開発地区を含む、市内各地区のパブリックスペースとパブリックライフの発展を明らかにすることでした。コペンハーゲン市がデータ収集の費用を負担し、建築学部の研究員が分析と出版を担当しました。調査結果は、ヤン・ゲール、ラース・ゲムスー、スィア・キアクネス (Sia Kirknæs)、ブリト・スナゴー (Brit Sondergaard) の4名によって、*New City Life* という分厚い出版物としてまとめられました[7]。

そのタイトルが調査成果を物語っています。より多くの余暇時間、社会におけるより多くの機会や変化が、徐々に「ニューシティライフ」すなわち新しい都市行動を増加させました。調査の結果、都心における行動の大部分は、レクリエーションや文化に関連していることが明らかになりました。2〜3世代前は、都心部では必須であり、目的を達するべくとられた行動が主であったのに対し、今日ではより多様な人間活動が展開されています。21世紀初頭の今日、「レクリエーションが目的のシティライフ」が、人びとがパブリックスペースを使う最大の目的となっています。

パブリックスペース・パブリックライフに焦点を当てた都市の政策

1960年代から90年代にかけて、コペンハーゲンではふたつの動きがありました。王立デンマーク芸術アカデミー建築学部では、パブリックスペースとパブリックライフに焦点を当てた研究を展開し、一方で市は街路、広場、プラザを自動車通行禁止にすることによって、パブリックスペースの利用を増進させようとしていました。これらふたつの動きは基本的に別々で、ひとつは研究、もうひとつは都市改造です。しかしコペンハーゲンは、他のすべてのデンマークの都市と同様に比較的小さな社会であり、多様な状況にある人たちの間のコミュニケーションは良好に保たれていました。デンマーク各地の市役所、プランナー、政治家たちは建築学部で何が起こっているか着目していましたし、一方研究者たちも各地でどのような状況が起こるか注意深く見守っていたのです。

年月を経るうちに関係者の交流が深まり、デンマークの都市開発は、次第にコペンハーゲンのパブリックライフ調査にもとづく多くの広報、研究成果、マスコミ論争による影響を大きく受けるようになりました。都市や都市間の競争にとって、魅力的なパブリックスペースとパブリックライフをつくり出すことの重要性が、ますます明白になっていきました。

このような認識が広まるにつれ、「シティライフ」は、大学の研究テーマから実際の都市政策へと変化していきました。コペンハーゲンのパブリックスペース・パブリックライフ研究は、交通整備が数十年間にわたり都市計画の要になったのと同様に、市の都市計画において確立された一部門となったのです。

パブリックライフの発達、街の質とパブリックライフの関係についての記録は、市の改造、実施中の計画の評価、そして将来の展開についての議論の、有効なツールとして機能したと言えます。

コペンハーゲンは長い年月をかけ、次第にとても魅力的で訪問が楽しみな街という国際的な評価を得るようになっていきました。

そのようなイメージが形成された主要因は、歩行者、シティライフ、自転車を大切にするという市の方針です。市の政治家やプランナーたちは、コペンハーゲンで実施されてきたパブリックライフ調査と市のパブリックスペース・パブリックライフの充実化政策について、多くの関連性を指摘するようになりました。1996年、都市計画部長のベンデ・フロストは、「建築学部による数多くの調査研究成果がなければ、我々政治家は、市の魅力を高めるためにこれだけ多数のプロジェクトを実施する勇気を持たなかったであろう」と語りました[8]。コペン

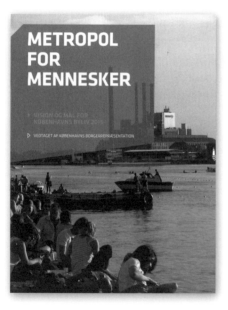

コペンハーゲン市は、パブリックライフと都市計画を関連づけた計画書を着実に刊行していった。2009年からは *A Metropolis for People* において、市議会はコペンハーゲンを世界で最も優れた、人びとのための都市にするための方策を明らかにした[9]。

ハーゲン市当局が、都市全体の質について国際的な評価を高めるためには、パブリックスペースとパブリックライフが決定的な要因になると気づき、その方向に政策の舵をきったことは非常に意義深いことでした。

パブリックライフをシステマチックに記録し、その成果を公共政策に取り入れるという経験は、コペンハーゲンにかぎったことではありません。世界の他の都市も、すぐに同様の取り組みを始めました。システマチックでデータを重視した都市分析をもとにした都市改良を表現するために、「コペンハーゲン化」という言葉が使われ始めました。「コペンハーゲン化」はそのプロセスとともに、人びとの行動をもとに計画するという思考回路を表現したものです。

すでに1988、1990年に、オスロとストックホルムにおいて、それぞれパブリックライフ調査が行われていました。1993-94年には、オーストラリアのパースとメルボルンにおいて、コペンハーゲンをモデルにしたパブリックスペース・パブリックライフ調査が実施されています。その後、調査は各地でどんどん実施されるようになりました。2000年から2012年までの間に、パブリックスペース・パブリックライフ調査を、都市のクオリティ改善の第一歩として実施した都市は次のとおりです。アデレード、ロンドン、シドニー、リガ、ロッテルダム、オークランド、ウェリントン、クライストチャーチ、ニューヨーク、シアトル、モスクワ。

各都市ではまず、人びとが日常的にどのように都市を使うかを概略的に把握するため、基礎的な調査を行います。その後、その結果にもとづき、開発や変革のための計画が検討されることになります。

コペンハーゲンと同様に、多くの都市が初回のパブリックスペース・パブリックライフ調査のフォローアップとして2回目以降の調査を実施し、最初の調査時点からどのくらいシティライフが発達したかを検証するようになりました。オスロ、ストックホルム、パース、アデレード、メルボルンでは、最初の調査から10-15年を経て、都市政策ツールとするため、2回目の調査が行われました。2004年のメルボルン調査は、焦点を絞った政策によって、劇的な成果があげられることを示す代表例です。調査によって成果がたしかめられ、さらに高い目標に向かって新たな調査や政策が進められる基盤となりました。

左｜ニュハウン、コペンハーゲン、1979
右｜ニュハウン、コペンハーゲン、2007

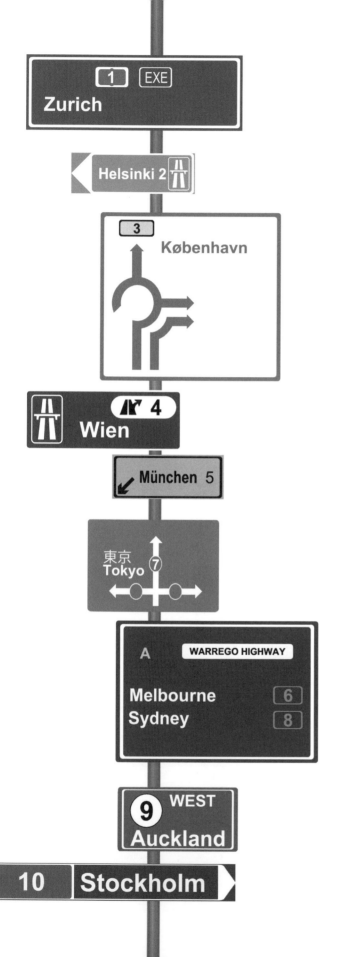

反映

　ジェイン・ジェイコブズが、味気ない空虚な未来都市像を批判したのは1961年、今から50年前のことです。それ以来、パブリックスペース・パブリックライフに関し、多くの意義深い発展がみられました。1961年当時は、都市形態がそこでの行動に対してどのような影響を及ぼすかについて定説化された知見はほぼ皆無でした。歴史的に、パブリックライフは伝統と経験によって生み出されてきたためです。事実、大半の都市は自然発生的なパブリックライフが発展して形成されたものです。しかし1960年以降、自動車が支配的になり郊外拡張が急速に進んだ都市において、都市計画の専門家はそれに対処する経験がなく、頼れる伝統も失われてしまいました。解決のためにはまず、沈滞した「ライフレス」の都市問題が正確に記録、記述されねばならず、次にその問題に対処するための知識が集められました。初期の試みは一時的、直感的でしたが、やがて総合化され、持続的なものとなっていきました。50年後の今日、包括的な知識ベースが構築されただけではなく、実用的な方法やツールが開発され、それらを用いて都市政策や計画を実践することで、人びとのパブリックスペース利用を増進することが可能となっています。

　長いプロセスを経て、パブリックスペース・パブリックライフ研究によって、都市を使う人びとの姿が政治家やプランナーに見えるようになりました。現在では、都市生活＝パブリックライフがさらに活性化するよう、積極的に計画することができます。少なくとも、都市住民にとってパブリックスペースを使いやすく、楽しめるようにすることができます。パブリックライフは、かつては軽視されていましたが、今では都市の魅力に大きな影響を与える、確立した分野となりました。またそれは、システマチックに教え、研究することができる合理的なものであり、都市計画における他の分野と肩を並べるものです。

　人間的な都市計画は、理論、知識、方法論および多数の明らかな成果をともなった、学術分野に成長しました。コペンハーゲンやメルボルンで実証されたように、パブリックスペース・パブリックライフに関する調査、研究、ビジョン、政治的意思そして行動によって、都市を世界レベルに向上させることができます。スカイラインやモニュメントによってではなく、素晴らしいパブリックスペースとそこで展開される多様なパブリックライフによって、です。人間に焦点を当てることが、都市を訪問し、住み、働くのに本当によい都市にするための必須条件です。21世紀における世界で最も住みやすい都市リストの上位に、メルボルンやコペンハーゲンが毎年ランクインしていることは、決して偶然ではありません。

よい都市は、人々のためにある。
Good cities are all about people.

「世界で最もリバブルな都市」としてリストアップされた多様な都市から、何を学ぶことができるだろうか？　このようなリストが、近年多く作られ公表されている。Monocle誌は、「最もリバブルな都市」リストを2007年から発表している。
　2012年のMonocle誌トップ10は、1. チューリッヒ、2. ヘルシンキ、3. コペンハーゲン、4. ウィーン、5. ミュンヘン、6. メルボルン、7. 東京、8. シドニー、9. オークランド（ニュージーランド）、10. ストックホルムであった[10]。このリストで注目すべきは、そのうち6都市でパブリックスペース・パブリックライフ調査が実施されていることである。それらの都市では、パブリックスペースとパブリックライフ調査を活かして、人びとにやさしい都市づくりに尽力してきた。その6都市とは、チューリッヒ、コペンハーゲン、メルボルン、シドニー、オークランド、ストックホルムである。

注釈
参考文献
訳者解題

注釈

1章

1 | たとえば、Jane Jacobs, *The Death and Life of American Cities*, New York: Random House, 1993〔山形浩生訳『アメリカ大都市の死と生』鹿島出版会、2010〕、Jan Gehl, *Life Between Buildings*, Copenhagen: The Danish Architecture Press, 1971〔北原理雄訳『建物のあいだのアクティビティ』鹿島出版会、2011〕、William H. Whyte, *The Social Life of Small Urban Spaces*, New York: Project for Public Spaces, 1980などを挙げることができる。

2 | ジョルジュ・ペレックは、フランス人小説家で、映画製作者、ドキュメンタリー作家、エッセイストでもある。1965年に小説 *Les Choses*〔弓削三男訳『物の時代 小さなバイク』文遊社、2013〕でデビュー。代表作に *La vie-mode d'emploi*, 1978〔酒詰治男訳『人生 使用法』水声社、1992〕。都市文化に関する他の作品に、*Espèces d'espaces*, 1974〔塩塚秀一郎訳『さまざまな空間』水声社、2003〕や、*Tentative d'épuisement d'un lieu parisien*, 1975〔英題:*An Attempt at Exhausting a Place in Paris*〕〕などがある。

3 | Jane Jacobs, op. cit., unpaginated.〔ジェイコブズ前掲書〕

4 | Georges Perec, *Species of Spaces and Other Pieces*.〔前掲訳書『さまざまな空間』〕

5 | Ibid., 50.〔前掲訳書108ページ〕

6 | Jane Jacobs, op. cit., xxiv.〔前掲訳書『アメリカ大都市の死と生』10ページ〕

7 | マクミラン・オンライン辞典によると動詞observeの意味は、「何かを発見するために、慎重に、注意して、誰かや何かを見たり調査したりすること〔to watch or study someone or something with care and attention in order to discover something〕」とされている。http://www.macmillandictionary.com/dictionary/british/observe.(07-24-2013)。

8 | The Danish Union of Journalists, *Fotografering og Privatlivets Fred*, Copenhagen: Dansk Journalistforbund, Marchi, 1999.

9 |「歩道上のバレエ」については、たとえば、Jane Jacobs, op. cit., 50〔ジェイコブズ前掲書67ページ〕。

10 | Jan Gehl, "Mennesker til fods.", in *Arkitekten* no. 20 : 444.

11 | Ibid.,444.

2章

1 | Jan Gehl and Lars Gemzøe, *New City Spaces* (Copenhagen: The Danish Architectural Press, 2000): 72-77.

2 | Ibid., Chapter 1, note 14.

3 | クレア・クーパー・マーカス (Clare Cooper Marcus)は、女性、子ども、高齢者に注目することの必要性を訴えたパブリックライフ調査の先駆者である。以下を参照。Clare Cooper Marcus and Carolyn Francis, *People Places: Design Guidelines for Urban Open Spaces*(New York: Van Nostrand Reinhold, 1990).〔湯川利和、湯川聡子訳『人間のための屋外環境デザイン―オープンスペース設計のためのデザイン・ガイドライン』鹿島出版会、1993〕

4 | ブライアント・パーク・コーポレーション代表のダン・ビーダーマン (Dan Biederman)による、ゲール・アーキテクツのために2011年10月に行われたプレゼンテーションより。ブライアント・パークは公共空間でありながら、コーポレーションによって自立した運営・管理が行われている。

5 | ブライアント・パーク・コーポレーション代表のダン・ビーダーマンより、2011年10月に提供された素材による。

6 | Jan Gehl, "Mennesker til fods." ("People on Foot." In Danish), in *Arkitekten* no. 20 (1968): 432.

7 | Jan Gehl and Lars Gemzøe, et al., *New City Life* (Copenhagen: The Danish Architectural Press, 2000).

8 | Ibid., 9.

9 | Jan Gehl, op. cit., *Cities for People*: 32〔北原理雄訳『人間の街―公共空間のデザイン』鹿島出版会、2014、40ページ〕.

10 | William H. Whyte, *The Social Life of Small Urban Spaces* (New York: Project for Public Spaces, 1980): 94-97.

11 | Jan Gehl, op. cit., "People on Foot": 435.

12 | Ibid., 435.

13 | 異なるタイプのアクティビティと継続時間の関係についての調査。Jan Gehl, op. cit., *Cities for People*: 71-74.〔北原訳『人間の街』、79-82ページ〕

3章

1 | 歩行者の流れがほぼ一定であるということが、カウント調査の前提条件である。また、人通りが少ないときには、10分よりも長い時間カウントすることが必要となる。10分のカウントは、ヤン・ゲールによって1960年代末ごろから行われた数々の調査にもとづくものである。

2 | Gehl Architects, *Chongqing Public Space Public Life Study and Pedestrian Network Recommendations*（Chongqing: City of Chongqing, 2010）.

3 | Jan Gehl, "Mennesker i byer."（"People in Cities." In Danish）, in *Arkitekten* no. 20, 1968）: 425-443.

4 | 行動追跡調査は、2011年12月にコペンハーゲンの主たる歩行者街路であるストロイエで実施された。これは、ランドスケープ・アーキテクトのクレスチェーネ・スコーロプ（Kristian Skaarup）と、ゲール・アーキテクツのビアギッテ・バンデセン・スヴァアによる。

5 | Jan Gehl, *The Interface between Public and Private Territories in Residential Areas*（Melbourne: Department of Architecture and Building, 1977）. メルボルン調査に関係する観察結果は、この文書に示されている。

6 | Ibid., 63.

7 | Jan Gehl, *Public Spaces and Public Life in Perth*（Perth: State of Western Australia 1994）. 次に行われた2009年のパブリックライフ調査までの間に歩行者の待ち時間は改善されたが、未だパース繁華街では押しボタン式の信号があり、歩行者の待ち時間もかなり長いことが報告された。 Gehl Architects, *Public Spaces and Public Life Perth 2009*（City of Perth, 2009）: 39. Sydney report: Gehl Architects, *Public Spaces Public Life Sydney 2007*（Sydney: City of Sydney, 2007）.

8 | Gehl Architects, *Public Spaces Public Life Sydney 2007*（Sydney: City of Sydney, 2007）: 56.

4章

1 | Gordon Cullen, *The Concise of Townscape*, London, The Architectural Press, 1961〔北原理雄訳『都市の景観』鹿島出版会、1975〕.

2 | デンマークでは1925年に都市計画法が制定された。Anne Gaardmand, *Dansk byplanægning 1938-1992*（*Danish Urban Planning. in Danish*）, The Danish Architectural Press, 1933: 11.を参照のこと。

3 | Camillo Sitte, *The Art of Building Cities*（Westport, Connecticut: Hyperion Press reprint 1979 of 1945 version）〔大石敏雄訳『広場の造形』鹿島出版会、1991〕. オリジナルのドイツ語版はCamillo Sitte, *Städtebau nach seinen künstlerischen Grundsätzen*, Vienna, Verlag von Carl Grasser, 1889.

4 | Le Corbusier, *Vers une architecture*（Paris: Edition Flammarion 2008（1923）〔吉阪隆正訳『建築をめざして』鹿島出版会、1967／樋口清訳『建築へ』中央公論美術出版、2003〕. 英語版の初版はLe Corbusier, *Towards a New Architecture*（London: The Architectural Press, 1927）.

5 | Ibid. アテネ憲章は1933年にアテネで開催された国際近代建築会議（CIAM）にて起草された。ル・コルビュジエは国際近代建築会議の共同創設者であった。

6 | 一家屋あたりの自動車数に関する主要な数値はStatistics Denmark, *Nyt fra Denmarks Statistik*（*Latest Release*. In Danish）, no.168（March 2012）.

7 | 家屋所有規模に関するダイアグラム中の主要な数値はStatistics Denmark, *Denmark i Tal 2012*（*Statistics Yearbook 2012*. In Danish）: 7.

8 | ラドバーン・システムは、ニュージャージー州のラドバーンでの1928年の新しいコミュニティのためのプランから名づけられた。Michael Southworth and Eran Ben-Joseph, *Streets and the Shaping of Towns and Cities*（Washington DC: Island Press, 1997）: 70-76.

9 | National Institute of Public Health, *Folkesundhedsrapporten*（*Public Health Report*, In Danish）, ed. Mette kjøller, Knud Juel and Finn Kamper-Jørgensen（Copenhagen: National Institute of Public Health, University of Southern Denmark, 2007）: 159-166. Ibid., "Dødeloigheden I Denmark gennem 100 år."（"A Century of Mortality in Denmark." In Danish）, 2004:58（age standardized）. *Sundheds-og sygelighedsundersøgelserne*（*Health and Disease Studies*. In Danish）, 2010: 73-98.

10 | 田園都市運動はイギリスで始まった。その原理は運動の創始者であるエベネザー・ハワードによってマニフェストというかたちでまとめられた。Ebenezer Howard, *Garden Cities of To-Morrow*（1898 or 1902）（Cambridge, MA: MIT Press, 1965, with an introductory essay by Lewis Mumford）.〔長素連訳『明日の田園都市』、鹿島出版会、1968〕.

11 | 例えば、1967年、ヤン・ゲールはコペンハーゲンの郊外に新たに建設されたHøje Gladsaxe complexを「経験の貧困さ」と人間の創造性に対するインスピレーションの欠如を指摘して批判した。Jan Gehl, "Vore fædre i det høje!" ("Our Fathers on High!" In Danish), in *Havekunst*, no. 48 (1967): 136-143.

12 | 労働時間に関する情報（デンマーク語）は、http://www.denstoredanske.dk/Samfund,_jura_og_politik/%C3%98konomi/L%C3%B8nteorier_og_-systemer/arbejds tid (08.04.2013).
休暇の長さに関する情報（デンマーク語）は、www.denstoredanske.dk/Samfund,_jura_og_politik/%C3%98konomi/L%C3%B8nteorier_og_-systemer/arbejdstid (04-08-2013).

13 | ゴードン・カレンの本はイギリスで始まったタウンスケープ運動の文献的基盤である建物の間や都市空間、街路における歩行者の経験の接続と豊かさの創造について書かれた本である。Gordon Cullen, *The Concise Townscape* (Oxford: The Architectural Press, 2000 (1961)).〔北原理雄訳『都市の景観』鹿島出版会、1975〕

14 | Aldo Rossi, *L'Architettura della città* (Padova: Marsilio 1966); reprinted (Macerata: Edizione Quodlibet 2011)〔大島哲蔵・福田晴虔訳『都市の建築』大龍堂書店、1991〕はイギリスでは1984年にピーター・アイゼンマンの序文付きで出版された。Aldo Rossi, *The Architecture of the City* (Cambridge, MA: MIT Press, 1984).

15 | Jane Jacobs, *The Death and Life of Great American Cities* (New York: Random House, 1993 (1961)): 3.〔山形浩生訳『アメリカ大都市の死と生』鹿島出版会、2010〕

16 | Ibid., 21-34.〔前掲訳書、21-24ページ〕

17 | Alice Sparberg Alexiou, *Jane Jacobs – Urban Visionary* (New Jersey: Rutgers University Press, 2006): 9-26, 57-67. Jan Gehl, "For you, Jane." in Stephen A. Goldsmith and Lynne Elizabeth (ed.): *What We See – Advancing the Observations of Jane Jacobs* (Oakland, California: New Village Press, 2010): 235.

18 | City of Copenhagen, *Copenhagen City of Cyclists. Bicycle Account 2010* (Copenhagen: City of Copenhagen, 2011).

19 | Jane Jacobs, op. cit.

20 | Ibid., back cover.

21 | Jane Jacobs: "Downtown is for People." (reprinted in *Fortune* Magazine, September 18, 2011). もともとはハーヴァード大学でのジェイン・ジェイコブズの1956年の講演をもとにして1958年に出版された。ジェイン・ジェイコブズに講演を雑誌のための記事にするよう依頼したのはウィリアム・H・ホワイトである。

22 | ニューヨークタイムズ紙の評論家・ポール・ゴールドバーガーによる、*The Essential William H. Whyte*, ed. Albert LaFarge (New York: Fordham University Press, 2000): vii. の序文からの引用である。

23 | ストリートライフプロジェクトはニューヨーク市都市計画委員会の他、いくつかの財団から財政的な支援を受けた。

24 | William H. Whyte, *The Social Life of Small Urban Spaces* (New York: Project for Public Spaces, 1980).

25 | William H. Whyte, *The Social Life of Small Urban Spaces*, film produced by The Municipal Art Society (New York, 1990).

26 | Kevin Lynch, *The Image of the City* (Cambridge Mass.: MIT Press, 1960)〔丹下健三・富田玲子訳『都市のイメージ』岩波書店、1968〕.

27 | Christopher Alexander, *A Pattern Language* (Oxford: Oxford University Press, 1977)〔平田翰那訳『パタン・ランゲージ 町・建物・施工 環境設計の手引』鹿島出版会、1984〕.

28 | Christopher Alexander, *The Timeless Way of Building* (Oxford: Oxford University Press, 1979)〔平田翰那訳『時を超えた建設の道』鹿島出版会、1993〕.

29 | Clare Cooper Markus and Carolyn Francis, *People Places: Design Guidelines for Urban Open Spaces* (New York: Van Nostrand Reinhold, 1990): 6.〔湯川ほか訳『人間のための屋外環境デザイン』、43ページ〕

30 | Clare Cooper Markus and Marni Barnes, *Healing Gardens, Therapeutic Benefits and Design Recommendations* (New York: Wiley, 1999).

31 | William H. Whyte, op. cit.

32 | この研究は動きのなかでのドライバーの都市体験に関する本の一部として出版された。Donald Appleyard, Kevin Lynch and John R. Myer, *A View from the Road* (MIT Press, 1965).

33 | *Livable Streets* (1980) の要約。Donald Appleyard, "Livable Streets: Protected Neighborhoods?" (*Annals*, AAPSS, 451, September, 1980): 106. 所収。皮肉なことに、アプルヤードは交通事故が原因で亡くなった。

34 | この研究は1960年代末に行われた。しかし、最初に出版されたのはDonald Appleyard, *Livable Streets* (Berkeley: University of California Press, 1981): 16-24. であった。

35 | ピーター・ボッセルマンはドイツとロサンジェルスで建築を勉強し、1984年からはカリフォルニア大学バークレー校のアーバンデザインの教授を務めた。

36 | Peter Bosselmann, *Representation of Places. Reality and Realism in City Design* (California: University of California Press 1998): xiii

37 | Christopher Alexander, "The Timeless Way." In *The Urban Design Reader* (New York: Routledge 2007): 93-97.

38 | Christopher Alexander, op. cit., *A Pattern Language*: 754. 〔平田訳『パタン・ランゲージ』、400ページ〕

39 | Christopher Alexander, op. cit., *A Pattern Language*: 600. 〔平田訳『パタン・ランゲージ』、600ページ〕

40 | Clare Cooper Marcus and Wendy Sarkissian, *Housing as if People Mattered. Site Design Guidelines for Medium-Density Family Housing*(Berkeley: University of California Press, 1986):43.〔湯川利和訳『人間のための住環境デザイン—254のガイドライン』鹿島出版会、43ページ〕

41 | Peter Bosselmann et al., *Sun, Wind, and Comfort. A Study of Open Spaces and Sidewalks in Four Downtown Areas* (Berkeley, CA: Institute of Urban and Regional Development, College of Environmental Design, University of California, Berkeley, 1984).

42 | Peter Bosselmann, "Philosophy." Portrait on UC Berkeley's website: www.ced.berkeley.edu/ced/people/query.php?id=24 (06-15-2011).

43 | Jan Gehl, *Cities for People* (Washington DC, Island Press, 2010): 183-184.〔北原訳『人間の街』〕

44 | Peter Bosselmann, op. cit., *Representation of Places: Reality and Realism in City Design*.

45 | Peter Bosselmann, *Urban Transformations* (Washington DC: Island Press, 2008).

46 | Clare Cooper Marcus et al., op. cit., *Housing as if People Mattered. Site Design Guidelines for Medium-Density Family Housing*: vii-viii.〔湯川訳『人間のための住環境デザイン』、8ページ〕

47 | Jane Jacobs, op. cit., *The Death and Life of Great American Cities*.〔山形訳『アメリカ大都市の死と生』〕

48 | Donald Appleyard, op. cit., *Livable Streets*.

49 |「私たちは都市が好きだ」というフレーズはアラン・ジェイコブスが共著者となったマニフェストから引用している。Allan Jacobs and Donald Appleyard, "Toward an Urban Design Manifesto." In *The Urban Design Reader* (New York: Routledge, 2007, ed. Michael Larice and Elizabeth Macdonald): 108.

50 | Allan Jacobs, "Conclusion: Great Streets and City Planning." In *The Urban Design Reader* (New York: Routledge, 2007, ed. Michael Larice and Elizabeth Macdonald): 387-390.

51 | Allan Jacobs and Donald Appleyard, op. cit., 98-108.

52 | Ibid., headlines and main points: 102-104.

53 | Ibid., 104-108.

54 | Ibid., 108.

55 | Allan Jacobs, *Looking at Cities*(Cambridge, MA: Harvard University Press, 1985).

56 | Allan Jacobs, *Great Streets* (Cambridge Massachusetts: MIT Press, 1993): 15.

57 | 都市生活研究の古典となったヤン・ゲールの同名の書籍に言及する。Jan Gehl, *Life Between Buildings* (Copenhagen: The Danish Architectural Press, 1971, distributed by Island Press).〔北原理雄訳『建物のあいだのアクティビティ』鹿島出版会、2011〕

58 | Peter Bosselmann et al., op. cit.

59 | Allan B. Jacobs, op. cit., *Great Streets*. : 15.

60 | Inger and Johannes Exner, Amtsstuegården at Hillerød, 1962 (プロジェクトは実現せず). Thomas Bo Jensen, *Exner* (Risskov: Ikaros Academic Press, 2012)を参照。

61 | コペンハーゲンの外に新たに建設された近代主義の郊外建築に対する批判を参照。Jan Gehl, op. cit., "Our Fathers on High!": 136-143.

62 | Jan and Ingrid Gehl, "Torve og pladser." ("Urban squares." In Danish), in *Arkitekten* no. 16, 1966: 317-329; Jan and Ingrid Gehl, "Mennesker i byer." ("People in Cities." In Danish), in *Arkitekten* no. 21, 1966: 425-443; Jan and Ingrid Gehl, "Fire italienske torve." ("Four Italian Piazzas." In Danish), in *Arkitekten* no. 23, 1966: 474-485.

63 | ポポロ広場に関する研究は、op. cit., "People in Cities.": 436.

64 | Jan and Ingrid Gehl, op. cit., "Four Italian Piazzas.": 477.

65 | Ibid., 474.

66 | Ibid., 170.

67 | Jan and Ingrid Gehl, op. cit., "People in Cities.": 425.

68 | Ibid., 425-27.

69 | Jan and Ingrid Gehl, op. cit., "Four Italian Piazzas.": 484.

70 | Jan Gehl, *Life Between Buildings*. (New York: Van Nostrand Reinhold, 1987).〔北原訳『建物のあいだのアクティビティ』〕

71 | ヤン・ゲールの『建物のあいだのアクティビティ』は、デンマーク語

(1971)、オランダ語 (1971)、ノルウェー語 (1980)、英語 (初版、Van Nostrand Reinhold, 1987)、日本語 (1990)、イタリア語 (1991)、中国語 (1991)、台湾語 (1996)、デンマーク語 (第3版、The Danish Architectural Press, 1996)、チェコ語 (2000)、韓国語 (2002)、スペイン語 (2006)、ベンガル語 (2008)、ベトナム語 (2008)、ポーランド語 (2010)、セルビア語 (2010)、ルーマニア語 (2010)、英語 (2010)、新版、Island Press)、ドイツ語 (2012)、日本語 (再版、2012)、イタリア語 (再版、2012)、ロシア語 (2012)、タイ語 (2013)、ギリシャ語 (2013)に翻訳された。

72 | Ingrid Gehl, *Bo-miljø* (*Housing Environment*. In Danish), (Copenhagen: SBI report 71, 1971).

73 | Jan Gehl, "Soft Edges in Residential Streets." in *Scandinavian Housing and Planning Research*, no. 2, 1986: 89-102を参照。

74 | Claes Göran Guinchard, *Bilden av förorten* (*Playground Studies*. In Swedish) (Stockholm: Kungl. Tekniska Högskolan 1965); Derk de Jonge, "Seating preferences in restaurants and cafés." (Delft 1968); Derk de Jonge, "Applied hodology," *Landscape* 17 no. 2, 1967-68: 10-11. 1972年以降、ロルフ・マンハイムは数多くのドイツの都市の中心部において歩行者街路を研究し、歩行者数の計測や安定した活動の記録を行った。その要約については、Rolf Monheim, "Methodological aspects of surveying the volume, structure, activities and perceptions of city centre visitors." In *GeoJournal* 46, 1998: 273-287を参照。

75 | パブリックライフ研究とアーバンデザインについては、Anne Matan, *Rediscovering Urban Design through Walkability: an Assessment of the Contribution of Jan Gehl*, PhD thesis (Perth: Curtin University: Curtin University Sustainability Policy (CUSP) Institute, 2011) を参照。

76 | Jan Gehl, op. cit., *Life Between Buildings*, foreword.〔北原訳『建物のあいだのアクティビティ』まえがきより〕

77 | Jan Gehl, Ibid., 82.

78 | EDRAの年次大会と連動して出版された総合的論文集によって証明される。例えば、*Edra 42 Chicago, Conference Proceedings*, ed. Daniel Mittleman and Deborah A. Middleton, The Environmental Design Research Association, 2011.

79 | *Variations on a Theme Park – The New American City and the End of Public Space*, ed. Michael Sorkin (New York: Hill and Vang, 1992)を参照。

80 | 後期近代もしくはポスト近代の社会状況やネットワーク社会の到来については、例えば、Manuel Castells, *The Rise of the Network Society, The Information Age: Economy, Society and Culture Vol. I.* (Cambridge, MA; Oxford, UK: Blackwell, 1996); Frederic Jameson, *Postmodernism: The Cultural Logic of Late Capitalism*, (Durham, NC: Duke University Press, 1991); Edward Soja, *Thirdspace: Journeys to Los Angeles and Other Realand- Imagined Places* (Oxford: Basil Blackwell, 1996) .〔加藤政洋訳『第三空間―ポストモダンの空間論的転回』青土社、2005〕

81 | Jan Gehl and Lars Gemzøe, et al., *New City Life* (Copenhagen: The Danish Architectural Press, 2000): 18.

82 | Ibid., 29.

83 | ゲール・アーケテクツは高等教育機関との伝統的な協働を続けている。研究はしばしば地元の大学と共同で実施し、観察者の教育的要素を含む。

84 | 例えば、ゲール・アーキテクツのヤン・ゲール、独立したコンサルタントとしてのアラン・ジェイコブス、ニューヨークに本拠を置くプロジェクト・フォー・パブリックスペースなどのケースがある。

85 | 1968 study: Jan Gehl, "Mennesker til fods." ("People on Foot." In Danish), in *Arkitekten* no. 20 (1968): 429-446; 1986 study: Jan Gehl, Karin Bergdahl and Aase Steensen, "Byliv 1986. Brugsmønstre og Udviklingstendenser 1968-1986." ("Public Life 1986. Consumer Patterns and Development Trends 1968-1986." In Danish), in *Arkitekten* no. 12 1987: 285-300; 1996 study: Jan Gehl and Lars Gemzøe, *Public Spaces Public Life* (Copenhagen: The Danish Architectural Press and The Royal Danish Architecture School, 1996); 2006 study: Jan Gehl and Lars Gemzøe et al., *New City Life* (Copenhagen: The Danish Architectural Press, 2006)

86 | Jan Gehl, Karin Bergdahl and Aase Steensen, "Byliv 1986." ("Public Life 1986." In Danish) in *Arkitekten*, 1986: 294-95; Jan Gehl and Lars Gemzøe, *Public Spaces Public Life* (Copenhagen: The Danish Architectural Press, 1996); Jan Gehl and Lars Gemzøe, et al., op. cit.

87 | Jan Gehl, *Stadsrum og Stadsliv i Stockholms city* (*Public Space and Public Life in the City of Stockholm*. In Swedish) (Stockholm: Stockholm Fastighetskontor og Stockholms Stadsbyggnadskontor, 1990); Gehl Architects, *Stockholmsforsöket og Stadslivet i Stockholms Innerstad* (*Stockholm Study and Public Life in the Inner City*. In Swedish) (Stockholm: Stockholm Stad, 2006); City of Melbourne and Jan Gehl, *Places for People*, (Melbourne: City of Melbourne, 1994); City of Melbourne and Gehl Architects, *Places for People* (Melbourne: City of Melbourne, 2004); Jan Gehl, Government of Western Australia og City of Perth, *Public Spaces & Public Life in Perth* (Perth: Department of Planning and Urban Development, 1994); Gehl Architects, *Public Spaces and Public Life* (Perth: City of Perth, 2009); Gehl Architects, *Byens Rum og Byens Liv Odense 1998* (*Public Space and Public Life Odense 1998*. In Danish) (Odense: Odense Kommune, 1998); Gehl Architects, *Odense Byliv* og Byrum(*Odense Public Life and Public Space*. In Danish) (Odense: Odense Kommune, 2008).

88 | Project for Public Spaces, Inc., *How to Turn a Place Around. A Handbook for Creating Successful Public Spaces* (New York: Project for Public Spaces, 2000): 35.〔加藤源監訳『オープンスペースを魅力的にする―親しまれる公共空間のためのハンドブック』、学芸出版社、2005〕

89 | Ibid.

90 | Jay Walljaspar, *The Great Neighborhood Book. A Do-it-yourself- Guide to Placemaking Book*（New York City: Project for Public Spaces, 2007).

91 | Donald Appleyard, op. cit., *Livable Streets*; Clare Cooper Marcus, op. cit., *Housing as if People Mattered*〔湯川訳『人間のための住環境デザイン』〕; Allan Jacobs, *Looking at Cities* (Cambridge, MA: Harvard University Press, 1985) ; Peter Bosselmann, op. cit., *Representation of Places. Reality and Realism in City Design*; Peter Bosselmann et al. op. cit., *Sun, Wind, and Comfort: A Study of Open Spaces and Sidewalks in Four Downtown Areas.*

92 | Aldo Rossi, op. cit.〔大島ほか訳『都市の建築』〕

93 | Richard Rogers and Philip Gumuchdjian, *Cities for a Small Planet*（London: Faber and Faber, 1997).〔野城智也・和田淳・手塚貴晴訳『都市 この小さな惑星の』鹿島出版会、2002〕

94 | Congress for the New Urbanism, *Charter of the New Urbanism*, 2001, www.cnu.org (04.19.2012)を参照。憲章は一般的な用語で書かれているが、ニューアーバニストの仕事は厳密に公式化されたデザイン・ガイドラインに集中している。

95 | Jan Gehl, op. cit., *Life Between Buildings*; Clare Cooper Marcus, op. cit., *Housing as if People Mattered*.〔北原訳『建物のあいだのアクティビティ』、湯川訳『人間のための住環境デザイン』〕

96 | Jan Gehl, Ibid., 77-120.〔北原訳『建物のあいだのアクティビティ』〕

97 | Clare Cooper Marcus, op. cit.〔湯川訳『人間のための住環境デザイン』〕

98 | Project for Public Spaces, Inc., op. cit., *How to Turn a Place Around*.〔加藤監訳『オープンスペースを魅力的にする』〕

99 | Leon Krier, *New European Quarters*, plan for New European Quarters (Luxembourg, 1978). Aldo Rossi, op. cit.〔大島ほか訳『都市の建築』〕

100 | 例えば、chapter 6 in Jan Gehl, op. cit., *Cities for People*: 222-238を参照。〔北原訳『人間の街』、第6章230-246〕

101 | 「リバブル (livable)」という言葉はかろうじて居住可能な場所という意味にも使われる一方で、都市や場所についてよりポジティブな意味合いでも使われる。ここでは、この言葉を魅力や都市の質の表現として用いる。

102 | 研究の成果はDonald Appleyard, op. cit., *Livable Streets*に収録されている。

103 | とりわけ、*Monocle*誌、*The Economist*誌、*Mercer*誌など。

104 | 米国連邦交通局によるリバビリティや戦略、イニシアティブ: www.dot.gov/livability (04-19-2012).

105 | Ray LaHood, U.S. Secretary of Transportation: www.dot.gov/livability (04-19-2012) より引用.

106 | City of Copenhagen, *Metropolis for People* (Copenhagen: City of Copenhagen, 2009).

107 | Jan Gehl and Lars Gemzøe, et al. op. cit., 34-39.

108 | Ed. Stephen A. Goldsmith & Lynne Elizabeth, op. cit.

109 | Jan Gehl, op. cit., *Cities for People*.〔北原訳『人間の街』〕.

110 | Jan Gehl, op. cit., *Cities for People*: 239.〔北原訳『人間の街』、247ページ〕

111 | ジェイン・ジェイコブズは安全に関する街路の重要性について書いている。とくに街路上の人々の自然な監視システムとしての役割に注目し、それを「路上の目」と呼んだ。Jane Jacobs, op. cit., *The Death and Life of Great American Cities*: 35.〔山形訳『アメリカ大都市の死と生』、35ページ〕.

112 | Oscar Newman, *Defensible Space* (New York: Macmillan, 1972).〔湯川利和・湯川聡子訳『まもりやすい住空間』鹿島出版会、1976〕

113 | Mike Davis, *City of Quartz: Excavating the Future in Los Angeles* (Verso Books, 1990)〔村山敏勝・日比野啓訳『要塞都市LA（増補新版）』青土社、2001 (2008)〕.; Ulrich Beck, op. cit.〔東ほか訳『危険社会』〕

114 | Ulrich Beck, *Risk Society: Towards a New Modernity*（London: Sage, 1992)〔東廉・伊藤美登里訳『危険社会―新しい近代への道』法政大学出版局、1998〕は、もともと1886年にドイツで出版された。United Nations, *Our Common Future*（Oxford: Oxford University Press, 1987)〔環境と開発に関する世界委員会編・大来佐武郎監修『地球の未来を守るために―Our Common Future』、福武書店、1987〕、Hugh Barton, Catherine Tsourou, *Healthy Urban Planning*(London: Taylor & Francis, 2000)。*Monocle*誌がリバビリティのリストを発表し始めたのは2007年である。2009年からは「最も住み心地のよい都市インデックス」と呼ばれるようになった。デンマークの全人口に占める都市人口の割合に関する統計はStatistics Denmark

Befolkningen i 150 år (*The Population for 150 Years*. In Danish) (Copenhagen: Statistics Denmark, 2000): 39% in 1900)による。1950年には3分の2以上、1999年には85パーセントとなっている。

115 | Ethan Bronner, "Bahrain Tears Down Monument as Protesters Seethe" in *The New York Times*, March 18, 2011, see: www.nytimes.com/2011/03/19/world/middleeast/19bahrain.html?_r=2& (04-08-2013).

116 | *Beyond Zucotti Park. Freedom of Assembly and the Occupation of Public Space*, ed. Shiff man et al. (Oakland, CA: New Village Press, 2012).

117 | Ethan Bronner, op. cit.

118 | リアルダニア財団 (The Realdania Foundation)はパブリックスペース研究センター (the Center for Public Space Research)の他、戦略的都市研究センター (the Center for Strategic Urban Research(2004-2009))、住居・福祉センター(Center for Housing and Welfare (2004-2009))、建設過程マネジメント研究センター (Center for Management Studies of the Building Process (2004-2010))などいくつかのセンターに資金提供を行った。この期間中に、リアルダニア財団は、建築や都市計画の研究における建築作品を必要としない、戦略や福祉、建物の間の活動、公共空間などの研究を意図した学際的な環境におおよそ1億5千万デンマーク・クローネもの資金を投入した。www.realdania.dk (04-19-2012). を見よ。

119 | 公共空間研究センター発足にともなうリアルダニアからのプレスリリースにおける、ヤン・ゲールのセンターの目的からの引用。http://www.realdania.dk/Presse/Nyheder/2003/Nyt+center+forbyrumsforskning+30,-d-,10,-d-,03.aspx (12-20-2011).

120 | Jan Gehl and Lars Gemzøe et al., op. cit.

121 | グーグル・ストリート・ビューは2007年に導入された。デンマークでは2010年に開始された。http://da.wikipedia.org/wiki/Google_Street_View (04-19-2012).

122 | Noam Shoval, "The GPS Revolution in Spatial Research." In *Urbanism on Track*. Application of Tracking Technologies in Urbanism, ed. Jeroen van Schaick and Stefan van der Spek (Delft: Delft University Press, 2008): 17-23.

123 | Henrik Harder, *Diverse Urban Spaces*, GPS-based research project at Aalborg University: www.detmangfoldigebyrum.dk (04-08-2013).

124 | Bill Hillier and Julienne Hanson, *The Social Logic of Space* (Cambridge, UK: Cambridge University Press, 1984).

125 | Bill Hillier, *Space as the Machine. A Confi gural Theory of Architecture* (Cambridge: Press Syndicate of the University of Cambridge, 1996) (London: Space Syntax 2007): vi.

126 | www.spacesyntax.com (09-13-2012).

127 | Bill Hillier and Julienne Hanson, op. cit.

128 | Jane Jacobs, op. cit., *The Death and Life of Great American Cities*: 6. 167〔山形訳『アメリカ大都市の死と生』、22ページ〕

5章

1 | Jan Gehl and Ingrid Gehl, "Mennesker i byer." ("People in Cities." In Danish) in *Arkitekten* no. 21 (1966): 425-443.

2 | Jan Gehl, *Life Between Buildings*, (Copenhagen: The Danish Architectural Press, 1971, distributed by Island Press): 141.〔北原理雄訳『建物のあいだのアクティビティ』鹿島出版会、2011、207ページ〕エッジ効果については、オランダの社会学者デルク・デ・ヨングがレクリエーションで使われる場所の順序に関する研究で、森やビーチ、林、開拓地のエッジは、広々とした野原や沿岸部より優先して選ばれることを明らかにしている。: Derk de Jonge, "Applied Hodology." In *Landscape* 17, no. 2, 1967-68: 10-11. また、エドワード・ホールは、エッジ効果とは、背後を囲まれながら他者と適切な距離を保ちつつ空間を見渡せる場所を好むという人間の傾向によるものだと述べている。 *The Hidden Dimension* (Garden City, New York: Doubleday, 1990 (1966)).〔日高敏隆・佐藤信行訳『かくれた次元』みすず書房、1970〕

3 | 図面と写真、脚注はヤン・ゲールとイングリッド・ゲールによるものである。"People in Cities.": 436-437. を参照。

4 | 写真と図、脚注はJan Gehl, "Mennesker til fods." ("People on Foot." In Danish), in *Arkitekten* no. 20 (1968): 430, 435からの引用。

5 | Ibid., 429-446.

6 | Ibid., 442.

7 | Ibid., 442.

8 | Jan Gehl and Ingrid Gehl, op. cit., "People in Cities.": 427-428.

9 | Ibid.

10 | Jan Gehl, "En gennemgang af Albertslund." ("Walking through Albertslund." In Danish), in *Landskab* no. 2 (1969): 33-39.

11 | Ibid., 33-39. (Pictures and original text on opposite page)

12 | Ibid., 34.

13 | Torben Dahl, Jan Gehl et al., *SPAS 4. Konstruktionen i Høje Gladsaxe* (*Building in Høje Gladsaxe*. In Danish) (Copenhagen: Akademisk Forlag, 1969). SPAS: Sociology-Psychology-Architecture-Study group.

14 | Jan Gehl, "Vore fædre i det høje!" ("Our Fathers on High!" In Danish), in *Havekunst, no.* 48 (1967): 136-143.

15 | Torben Dahl, Jan Gehl et al., op. cit., *Konstruktionen i Høje Gladsaxe*: 4-16.

16 | Jan Gehl, Freda Brack and Simon Thornton, *The Interface Between Public and Private Territories in Residential Areas* (Melbourne: Department of Architecture and Building, 1977): 77.

17 | Ibid.

18 | エッジの重要性はヤン・ゲールの研究において繰り返し取り上げられる重要なテーマである。以下を参照のこと。"soft edges in residential areas" in Jan Gehl, *Cities for People* (Washington D.C.: Island Press, 2010): 74-88.〔北原理雄『人間の街―公共空間のデザイン』鹿島出版会、2014: 86-96ページ〕

19 | 地図と脚注は以下からの引用。Map and captions from Jan Gehl, Freda Brack and Simon Thornton, op. cit., *The Interface Between Public and Private Territories in Residential Areas*: 63, 67.

20 | カナダの住宅地の通りでの研究は、はじめて英語で出版されたヤン・ゲールの影響力のある成果である。 Jan Gehl, *Life Between Buildings* (Copenhagen. The Danish Architectural Press, 1971, distributed by Island Press).〔北原理雄訳『建物のあいだのアクティビティ』鹿島出版会、2011〕

21 | Jan Gehl, Ibid., 174.〔前掲訳書256ページ〕

22 | 初出は、Jan Gehl, Ibid., 164.〔前掲訳書242ページ〕

23 | Jan Gehl, Ibid., 164.〔前掲訳書242ページ〕

24 | Jan Gehl, Solvejg Reigstad and Lotte Kaefer, "Close Encounters with Buildings" in special issue of *Arkitekten* no. 9 (2004).

25 | Ibid., 6-21.

26 | Jan Gehl, op. cit., *Life Between Buildings*: 139-145.〔北原訳『建物のあいだのアクティビティ』、204-215ページ〕

27 | 写真とテキストは最新のファサード調査による。Jan Gehl, op. cit., *Cities for People*: 240-241.〔北原訳『人間の街』、248-249ページ〕

28 | Jan Gehl, *Stadsrum og Stadsliv i Stockholms City* (*Public Space and Public Life in the City of Stockholm*. In Swedish) (Stockholm: Stockholms Fastighetskontor og Stockholms Stadsbyggnadskontor, 1990).

29 | 簡略化した12の質的基準は以下による。Jan Gehl et al., *New City Life* (Copenhagen: The Danish Architectural Press, 2006): 106-107. 12の基準はコペンハーゲンの多くのパブリックスペースを評価するために使われている。最新版は以下による。 in Jan Gehl, op. cit., *Cities for People*: 238-239.〔北原訳『人間の街』、246-247ページ〕

30 | Jan Gehl et al., op. cit., *New City Life*: 106-107.

31 | パブリックスペースに対する人間の感覚と欲求については以下を参照。Jan Gehl, op. cit., *Life Between Buildings*,〔北原訳『建物のあいだのアクティビティ』〕その他の関連書籍としては以下がある。Robert Sommer, *Personal Space: The Behavioral Basis of Design*（Englewood Cliffs N.J.: Prentice-Hall, 1969）〔穐山貞登訳『人間の空間―デザインの行動的研究』鹿島出版会、1972〕and anthropologist Edward T. Hall, The *Hidden Dimension*（Garden City, New York: Doubleday, 1990 (1966)）.〔日高ほか訳『かくれた次元』〕

32 | 最新版を参照。Jan Gehl, op. cit., *Cities for People*: 238-239.〔北原訳『人間の街』、246-247ページ〕

33 | Ibid., 40（diagram）.〔北原訳『人間の街』、48ページ〕: published initially in the first English edition of Jan Gehl's seminal work: *Life Between Buildings*（New York: Van Nostrand Reinhold, 1987, reprinted by Island Press, 2011）.〔北原理訳『建物のあいだのアクティビティ』〕

34 | その他以下を参照。Robert Sommer, op. cit., *Personal Space*;〔穐山訳『人間の空間』〕Edward T. Hall, *The Silent Language*（Garden City, N.Y.: Doubleday, 1959）;〔國弘正雄訳『沈黙のことば―文化・行動・思考』南雲堂、1966〕Edward T. Hall, op. cit., *The Hidden Dimension*.〔日高ほか訳『かくれた次元』〕

35 | Jan Gehl, op. cit., *Cities for People*: 40.〔北原訳『人間の街』、48ページ〕

36 | William H. Whyte, *The Social Life of Small Urban Spaces*（New York: Project for Public Spaces 2001 (1980)）: 72-73

37 | Camilla Richter-Friis van Deurs from Gehl Architects conducted the experiment with workshop participants from Vest- and Aust-Agder County in Arendal, Norway, January 23, 2012.

38 | Jan Gehl, op. cit., *Cities for People*: 17.〔北原訳『人間の街』、25ページ〕

39 | William H Whyte, op. cit., *The Social Life of Small Urban Spaces*: 28.

40 | Gehl Architects, *Byrum og Byliv. Aker Brygge, Oslo 1998*（*Public Space and Public Life. Aker Brygge, Oslo 1998*. In Norwegian）（Oslo: Linstow ASA, 1998）.

41 | Jan Gehl, op. cit., *Cities for People*: 17.〔北原訳『人間の街』、25ページ〕

42 | イラストは以下からの引用。Jan Gehl, op. cit., *Life Between Buildings*: 32.〔北原訳『建物のあいだのアクティビティ』、48ページ〕

43 | Donald Appleyard and Mark Lintell, "The Environmental Quality of City Streets: The Residents' Viewpoint." Journal of the American Institute of Planners, no. 8 (March 1972): 84-101. Later published in Donald Appleyard, M. Sue Gerson and Mark Lintell, *Livable Streets*（Berkeley, CA: University of California Press, 1981）.

44 | Donald Appleyard and Mark Lintell, *The Environmental Quality of City Streets: The Residents' Viewpoint*（Berkeley CA: Department of City and Regional Planning, University of California: year unknown）: 11-21.

45 | Peter Bosselmann, *Representation of Places. Reality and Realism in City Design*（California: University of California Press, 1998）: 62-89.

46 | Ibid., 78.

47 | William H. Whyte, op. cit., *The Social Life of Small Urban Spaces*: 36-37; 54-55.

48 | Ibid., 55.

49 | Ibid., 110.

50 | Ibid., 36.

51 | Ibid., 54.

52 | Stefan van der Spek, "Tracking Pedestrians in Historic City Centres Using GPS." In *Street-level Desires. Discovering the City on Foot*, ed. F. D. van der Hoeven, M. G. J. Smit and S. C. van der Spek, 2008: 86-111.

53 | Ibid.

6章

1｜1999年にアラン・ジェイコブスはケヴィン・リンチ賞を受賞したが、その主な理由はサンフランシスコにおいてアーバンデザインを市の都市計画文書に盛り込んだことであった。「サンフランシスコ市都市計画委員長として、アラン・ジェイコブスはアーバンデザインを取り込んで市の都市計画を作成した。その結果いくつかの素晴らしい空間が生まれ、そしてその計画は20年を経過した今でもその種のモデルとなっている。」(http://www.pps.org/reference/ajacobs 2013年4月4日)ピーター・ボッセルマンも、彼のサンフランシスコ及び他の米国都市における業績によって受賞している。http://ced.berkeley.edu/ced/faculty-staff/peter-bosselmann(2013年4月4日)

2｜Jan Gehl, Karin Bergdahl and Aase Steensen, "Byliv 1986. Brugsmønstre og Udviklingstendenser 1968-1986." ("Public life 1986. Consumer Patterns and Development Trends 1968-1986."), in *Arkitekten* no. 12 (1987): 285-300. パブリックスペース・パブリックライフ研究では、観察結果をインタビューによって補足することが多い。本書ではインタビューについては焦点としていないが、観察調査を補足するひとつの方法としてよく用いられる。

3｜Gehl Architects, op. cit., *Towards a Fine City for People* (London: City of London, June 2004); New York City Department of Transportation, *World Class Streets: Remaking New York City's Public Realm* (New York: New York City Department of Transportation, 2008); Gehl Architects, *Moscow, Towards a Great City for People: Public Space, Public Life* (Moscow: City of Moscow, 2013), in press.

4｜Gehl Architects, *Towards a Fine City for People*; Gehl Architects, *Public Spaces Public Life* (Sydney: City of Sydney, 2007).

5｜Anne Matan, *Rediscovering urban design through walkability: an assessment of the contribution of Jan Gehl*, Ph.D. thesis (Perth: Curtin University, Curtin University Sustainability Policy (CUSP) Institute, 2011).

6｜Ibid., 278.

7｜1968年：自動車禁止区域：20,000m^2。ひとつの静止活動あたり面積：12.4 m^2。
1986年：自動車禁止区域：55,000m^2。ひとつの静止活動あたり面積：14.2m^2。
1995年：自動車禁止区域：71,000m^2。ひとつの静止活動あたり面積：13.9m^2。
Jan Gehl and Lars Gemzøe, *Public Spaces - Public Life* (Copenhagen: The Danish Architectural Press and The Royal Danish Academy of Fine Arts, School of Architecture Publishers, 1996): 59.

8｜City of Melbourne and Gehl Architects, *Places for People* (Melbourne: City of Melbourne, 2004): 12-13; 32-33. 数値はメルボルン市のデータを基にその調査のために収集された。

9｜Ibid., 30, 50.

10｜Anne Matan, op. cit., *Rediscovering urban design through walkability: an assessment of the contribution of Jan Gehl*: 288.

11｜Ibid.

12｜The City of New York and Mayor Michael R. Bloomberg, *PlaNYC. A Greener, Greater New York* (New York: The City of New York and Mayor Michael R. Bloomberg, 2007).

13｜この調査結果はニューヨーク市交通局が取りまとめた次の文書に取りいれられた。*World Class Streets: Remaking New York City's Public Realm* (New York: New York City Department of Transportation, 2008).

14｜The New York City Department of Transportation, *Green Light for Midtown Evaluation Report* (New York: New York City Department of Transportation, 2010): 1.

15｜Article: Lisa Taddeo, "The Brightest: 16 Geniuses Who Give Us Hope: Sadik-Khan: Urban Reengineer." *Esquire*, Hearst Digital Media http://www.esquire.com/features/brightest-2010/janettesadik-khan-1210. Accessed on November 26, 2010 by Anne Matan and quoted in: Anne Matan, op. cit., *Rediscovering urban design through walkability: an assessment of the contribution of Jan Gehl*: 293.

16｜Anne Matan, op. cit., *Rediscovering Urban Design Through Walkability: An Assessment of the Contribution of Jan Gehl*: 294.

17｜The New York City Department of Transportation, op. cit., *Green Light for Midtown Evaluation Report*: 1.

18｜Gehl Architects, op. cit., *Public Spaces Public Life Sydney*: 74-76.

19｜Gehl Architects, op. cit., *Towards a Fine City for People*: London.

20｜セントラル・ロンドン・パートナーシップのチーフエグゼクティブ、パトリシア・ブラウン氏からヤン・ゲール宛てに書かれたレター、ゲール・アーキテクツ、2004年6月29日付。

21｜Gehl Architects, op. cit., *Towards a Fine City for People*: London: 34-35.

22｜Ibid., 35.

23｜Atkins, *Delivering the New Oxford Circus* (London: Atkins August, 2010): 11.

24｜About people's penchant for choosing the shortest route: Jan Gehl, *Cities for People* (Washington D.C.: Island

Press, 2010): 135-137.

25 | Gehl Architects, *Cape Town - a City for All 2005* (Gehl Architects and Cape Town Partnership, 2005).

26 | Jan Gehl and Lars Gemzøe, op. cit., *Public Spaces - Public Life*: 34-37.

27 | Jan Gehl, *Cities for People* (Washington D.C.: Island Press, 2010).〔北原理雄訳『人間の街―公共空間のデザイン』鹿島出版会、2014〕

28 | Ibid., 8-9.

7章

1 | Jan Gehl and Lars Gemzøe, *Public Spaces - Public Life* (Copenhagen: The Danish Architectural Press and The Royal Danish Academy of Fine Arts School of Architecture Publishers, 2004 (1996)): 11.

2 | Ibid., 12.

3 | Jan Gehl and Ingrid Gehl, "Torve og Pladser." ("Urban Squares." In Danish), in *Arkitekten* (1966, no. 16): 317-329; Jan Gehl and Ingrid Gehl, "Mennesker i Byer." ("People in Cities." In Danish), in *Arkitekten* (1966, no. 21): 425-443; Jan Gehl and Ingrid Gehl, "Fire Italienske Torve" ("Four Italian Piazzas." In Danish), in *Arkitekten* (1966, no. 23): 474-485.

4 | Jan Gehl, *Life Between Buildings* (Copenhagen: The Danish Architectural Press, 1971, distributed by Island Press).〔北原理雄訳『建物のあいだのアクティビティ』鹿島出版会、2011〕

5 | Jan Gehl, Karin Bergdahl and Aase Steensen, "Byliv 1986. Brugsmønstre og Udviklingstendenser 1968-1986." ("Public Life 1986. Consumer Patterns and Development Trends 1968-1986". In Danish), in *Arkitekten* no. 12 1987: 285-300.

6 | Jan Gehl and Lars Gemzøe, op. cit., *Public Spaces - Public Life*.

7 | Jan Gehl, Lars Gemzøe, Sia Kirknæs, Britt Sternhagen, *New City Life* (Copenhagen: The Danish Architectural Press, 2006).

8 | 1996年、パブリックスペース調査の完了時におけるベンデ・フロストとヤン・ゲールの会話より。記憶からの引用。

9 | City of Copenhagen, *A Metropolis for People* (Copenhagen: City of Copenhagen, 2009).

10 | "Quality of Life. Top 25 Cities: Map and Rankings." in *Monocle* no. 55 (July-August 2012): 34-56.

参考文献

Alexander, Christopher. *A Pattern Language: Towns, Buildings, Construction*. New York: Oxford University Press, 1977.〔平田翰那訳『パタン・ランゲージ 町・建物・施工 環境設計の手引』鹿島出版会、1984〕

Alexander, Christopher. *A Timeless Way of Building*. Oxford: Oxford University Press, 1979.〔平田翰那訳『時を超えた建設の道』鹿島出版会、1993〕

Alexiou, Alice Sparberg. *Jane Jacobs – Urban Visionary*. New Jersey: Rutgers University Press, 2006.

Appleyard, Donald, Lynch, Kevin og Myer, John R. *A View from the Road*. Cambridge MA: MIT Press, 1965.

Appleyard, Donald. *Livable Streets*, Berkeley: University of California Press, 1981.

Appleyard, Donald. "Livable Streets: Protected Neighborhoods?" in *Annals*, AAPSS, 451, (September, 1980)

Appleyard, Donald and Lintell, Mark. *The Environmental Quality of City Streets: The Residents' Viewpoint*. Berkeley CA: Department of City and Regional Planning, University of California: year unknown, p. 11-2-1.

Atkins. *Delivering the New Oxford Circus*. London: Atkins August, 2010.

Barton, Hugh og Tsourou, Catherine. *Healthy Urban Planning*, London: Taylor & Francis, 2000.

Beck, Ulrich. *Risk Society: Towards a New Modernity* (1986). London: Sage, 1992.〔東廉・伊藤美登里訳『危険社会―新しい近代への道』法政大学出版局、1998〕

Beyond Zucotti Park. *Freedom of Assembly and the Occupation of Public Space*. ed. Shiff man et al. Oakland, CA: New Village Press, 2012.

Bosselmann, Peter. *Representation of Places – Reality and Realism in City Design*. Berkeley, CA: University of California Press, 1998.

Bosselmann, Peter et al. *Sun, Wind, and Comfort. A Study of Open Spaces and Sidewalks in Four Downtown Areas*. Environmental Simulation Laboratory, Institute of Urban and Regional Development, College of Environmental Design, University of California, Berkeley, 1984.

Bosselmann, Peter. *Urban Transformation*. Washing ton DC: Island Press, 2008.

Bronner, Ethan. "Bahrain Tears Down Monument as Protesters Seethe" in *the New York Times*, March 18, 2011, see: www.nytimes.com/2011/03/19/world/middleeast/19bahrain.html?_r=2& (04-08-2013).

Castells, Manuel. *The Rise of the Network Society. The Information Age: Economy, Society and Culture Vol. I*. Cambridge, MA; Oxford, UK: Blackwell, 1996.

Charter of new urbanism: www.cnu.org

City of Copenhagen, *Copenhagen City of Cyclists. Bicycle Account 2010*, Copenhagen: City of Copenhagen, 2011.

City of Copenhagen, *A Metropolis for People*. Copenhagen: City of Copenhagen, 2009.

City of Melbourne and Gehl Architects. *Places for People*. Melbourne: City of Melbourne, 2004.

The City of New York and Mayor Michael R. Bloomberg. *PlaNYC. A Greener, Greater New York*. New York: The City of New York and Mayor Michael R. Bloomberg, 2007.

Le Corbusier. *Vers une Architecture* (1923). Paris: Editions Flammarion, 2008.〔吉阪隆正訳『建築をめざして』鹿島出版会、2010／樋口清訳『建築へ』中央公論美術出版、2003〕

Le Corbusier. Towards a New Architecture. London: The Architectural Press, 1927.

Cullen, Gordon. *The Concise Townscape*. London: The Architectural Press, 1961.〔北原理雄訳『都市の景観』鹿島出版会、1975〕

Dahl, Torben. Gehl, Jan et al., *SPAS 4. Konstruktionen i Høje Gladsaxe* (Building in Høje Gladsaxe. In Danish), Copenhagen: Akademisk Forlag, 1969.

Danish dictionary: www.ordnet.dk

Danish encyclopedia: www.denstoredanske.dk

Danish Union of Journalists, The. *Fotografering og Privatlivets Fred*. (Photographing and Privacy. In Danish), Copenhagen:

Dansk Journalistforbund, March 1999.

Davis, Mike. *City of Quartz. Excavating the Future in Los Angeles*. New York: Verso Books, 1990.〔村山敏勝・日比野啓訳『要塞都市LA(増補新版)』青土社、2001 (2008)〕

Edra 42 Chicago, Conference Proceedings, ed. Daniel Mittleman og Deborah A. Middleton. The Environmental Design Research Association, 2011.

The Endless City: The Urban Age Project by the London School of Economics and Deutsche Bank's Alfred Herrhausen Society. ed. Ricky Burdett og Deyan Sudjic, London: Phaidon, 2007.

Gaardmand, Arne. *Dansk byplanlægning 1938-1992*. (Danish Urban Planning. In Danish), Copenhagen: Arkitektens Forlag, 1993.

Gehl Architects. *Byrum og Byliv. Aker Brygge, Oslo 1998*. (Public Space and Public Life. Aker Brygge, Oslo 1998. In Norwegian.) Oslo: Linstow ASA, 1998.

Gehl Architects. *Cape Town – a City for All 2005*, Gehl Architects and Cape Town Partnership, 2005.

Gehl Architects. *Chongqing. Public Space Public Life*. Chongqing: The Energy Foundation and The City of Chongqing, 2010.

Gehl Architects. *Moscow – Towards a Great City for People. Public Space, Public Life*. Moskva: City of Moscow, 2013.

Gehl Architects, *Odense Byrum og Byliv*. (*Odense Public Life and Public Space*. In Danish) Odense: Odense Kommune, 2008.

Gehl Architects. *Perth 2009. Public Spaces & Public Life*. Perth: City of Perth, 2009.

Gehl Architects. *Public Spaces, Public Life. Sydney 2007*. Sydney: City of Sydney, 2007.

Gehl Architects. *Stockholmsförsöket och Stadslivet i Stockholms Innerstad*. (*Stockholm Study and Public Life in the Inner City*. In Swedish), Stockholm: Stockholm Stad, 2006.

Gehl Architects. *Towards a Fine City for People. Public Spaces and Public Life – London 2004*. London: Transport for London, 2004.

Gehl, Ingrid. *Bo-miljø*. (*Housing Environment*. In Danish), København: SBi-report 71, 1971.

Gehl, Jan. *Cities for People*, Washington D.C.: Island Press, 2010.〔北原理雄訳『人間の街—公共空間のデザイン』鹿島出版会、2014：86-96ページ〕

Gehl, Jan. "Close Encounters with Buildings.", in *Urban Design International*, no. 1 (2006) p.29-47.

Gehl, Jan. "En gennemgang af Albertslund." ("Walking through Albertslund." In Danish), in *Landskab* no. 2, (1969), p. 33-39.

Gehl, Jan. "For You, Jane" in Stephen A. Goldsmith and Lynne Elizabeth (ed.): *What We See – Advancing the Observations of Jane Jacobs*. Oakland, California: New Village Press, 2010.

Gehl, Jan. *Life Between Buildings*. New York: Van Nostrand Reinhold, 1987, reprinted by Island Press, 2011.〔北原理雄訳『建物のあいだのアクティビティ』鹿島出版会、2011〕

Gehl, Jan. "Mennesker til fods." ("People on Foot." In Danish), in *Arkitekten*, no. 20 (1968), p. 429-446.

Gehl, Jan Gehl. *Public Spaces and Public Life in Central Stockholm*. Stockholm: Stockholm Stad, 1990.

Gehl, Jan. *Public Spaces and Public Life in Perth*, Perth: State of Western Australia, 1994.

Gehl, Jan. "Soft Edges in Residential Streets", in *Scandinavian Housing and Planning Research* 3 (1986), p. 89-102.

Gehl, Jan. *Stadsrum & Stadsliv i Stockholms city*. (*Public Space and Public Life in the City of Stockholm*. In Swedish), Stockholm: Stockholms Fastighetskontor and Stockholms Stadsbyggnadskontor, 1990.

Gehl, Jan. *The Interface Between Public and Private Territories in Residential Areas*. Melbourne: Department of Architecture and Building, 1977.

Gehl, Jan. "Vore fædre i det høje!" ("Our Fathers on High!" In Danish), in *Havekunst*, no. 48 (1967), p. 136-143.

Gehl, Jan, K. Bergdahl, and Aa. Steensen. "Byliv 1986. Bylivet i Københavns indre by brugsmønstre og udviklingsmønstre 1968-1986". ("Public Life 1986. Consumer Patterns and Development Trends 1968-1986." In Danish), in *Arkitekten*, no. 12 (1987).

Gehl, Jan; A. Bundgaard; E. Skoven. "Bløde kanter. Hvor bygning og byrum mødes." ("Soft Edges. The Interface Between Buildings and Public Space." In Danish), in *Arkitekten*, no. 21 (1982), p.421-438.

Gehl, Jan; L. Gemzøe, S.; Kirknæs, B. Sternhagen. *New City Life*. Copenhagen: The Danish Architectural Press, 2006.

Gehl, Jan and Ingrid. "Fire Italienske Torve" ("Four Italian Piazzas." In Danish), in *Arkitekten*, no. 23 (1966).

Gehl, Jan and Ingrid. "Mennesker i byer." ("People in Cities." In Danish), in *Arkitekten* no. 21 (1966), p.425-443.

Gehl, Jan and Ingrid. "Torve og pladser." ("Urban Squares." In Danish), in *Arkitekten* no. 16 (1966), p. 317-329.

Gehl, Jan; L. J. Kaefer; S. Reigstad. "Close Encounters with Buildings," in *Arkitekten*, no. 9 (2004), p. 6-21.

Gehl, Jan and L. Gemzøe. *Public Spaces Public Life*. Copenhagen: The Danish Architectural Press and The Royal Danish Architecture School 1996.

Gehl, Jan and L. Gemzøe. *New City Spaces*. Copenhagen: The Danish Architectural Press 2001.

Guinchard, Claes Göran. *Bilden av förorten*. (*Playground Studies*. In Swedish). Stockholm: Kungl. Tekniska Högskolan, 1965.

Hall, Edward T. *The Silent Language* (1959). New York: Anchor Books / Doubleday, 1990.〔國弘正雄訳『沈黙のことば—文化・行動・思考』南雲堂、1966〕

Hall, Edward T. *The Hidden Dimension*. Garden City, New York: Doubleday, 1966.〔日高敏隆・佐藤信行訳『かくれた次元』みすず書房、1970〕

Harder, Henrik. *Diverse Urban Spaces*. Ålborg Universitet: www.detmangfoldigebyrum.dk.

Hillier, Bill. *Space as the Machine. A Configuration Theory of Architecture*. (Cambridge: Press Syndicate of the University of Cambridge 1996) London: Space Syntax, 2007.

Hillier, Bill. Hanson, Julienne. *The Social Logic of Space*. Cambridge, UK: Cambridge University Press, 1984.

Howard, Ebenezer. *Garden Cities of To-Morrow* (1898 or 1902), Cambridge, MA: MIT Press, 1965.〔長素連訳『明日の田園都市』、鹿島出版会、1968〕

Jacobs, Allan. *Great Streets*. Cambridge Mass.: MIT

Press, 1993.

Jacobs, Allan. *Looking at Cities*. Cambridge, MA: Harvard University Press, 1985.

Jacobs, Allan and Appleyard, Donald. "Toward an Urban Design Manifesto" in *The Urban Design Reader*. New York: Routledge (2007), ed. Michael Larice and Elizabeth Macdonald, 2010

Jacobs, Jane. "Downtown is for People.", *Fortune* classic, reprinted in *Fortune* (September 8, 2011)

Jacobs, Jane. *The Death and Life of Great American Cities* (1961). New York: Random House, 1993.〔山形浩生訳『アメリカ大都市の死と生』鹿島出版会、2010〕

Jameson, Frederic. *Postmodernism: The Cultural Logic of Late Capitalism*, Durham, NC: Duke University Press, 1991.

Jensen, Thomas Bo. *Exner*. Risskov: Ikaros Academic Press, 2012.

de Jonge, Derk. "Seating Preferences in Restaurants and Cafés." Delft, 1968.

de Jonge, Derk. "Applied Hodology". *Landscape* 17 no. 2 (1967-68).

Lynch, Kevin. *The Image of the City*. Cambridge MA: MIT Press, 1960.〔丹下健三・富田玲子訳『都市のイメージ』岩波書店、1968〕

Marcus, Clare Cooper and Barnes, Marni. *Healing Gardens, Therapeutic Benefits and Design Recommendations*. New York: Wiley, 1999.

Marcus, Clare Cooper and Sarkissian, Wendy. *Housing as if People Mattered: Site Design Guidelines for Medium-Density Family Housing*. Berkeley: University of California Press, 1986.〔湯川利和訳『人間のための住環境デザイン—254のガイドライン』鹿島出版会、1989〕

Marcus, Clare Cooper and Francis, Carolyn. *People Places: Design Guidelines for Urban Open Spaces*. New York: Van Nostrand Reinhold, 1990.〔湯川利和・湯川聡子訳『人間のための屋外環境デザイン—オープンスペース設計のためのガイドライン』鹿島出版会、1993〕

Matan, Anne. *Rediscovering urban design through walkability: an assessment of the contribution of Jan Gehl*, PhD Dissertation, Perth: Curtin University: Curtin University Sustainability Policy (CUSP) Institute, 2011.

Monheim, Rolf. "Methodological Aspects of Surveying the Volume, Structure, Activities and Perceptions of City Centre Visitors" in *GeoJournal* 46 (1998) p. 273-287.

National Institute of Public Health, *Folkesundhedsrapporten* (*Public Health Report*. In Danish), ed. Mette Kjøller, Knud Juel and Finn Kamper-Jørgensen. Copenhagen: National Institute of Public Health, University of Southern Denmark, 2007.

Newman, Oscar. *Defensible Space: Crime Prevention through Urban Design*. New York: Macmillan, 1972.〔湯川利和・湯川聡子訳『まもりやすい住空間』鹿島出版会、1976〕

New York City Department of Transportation. *Green Light for Midtown Evaluation Report*. New York: New York City Department of Transportation, 2010.

New York City Department of Transportation. *World Class Streets: Remaking New York City's Public Realm*. New York: New York City Department of Transportation, 2008.

Perec, Georges. *An Attempt at Exhausting a Place in Paris*. Cambridge, MA: Wakefield Press, 2010.

Perec, Georges. *Life A User's Manual*. London: Vintage, 2003.〔酒詰治男訳『人生 使用法』水声社、1992〕

Perec, Georges. *Species of Spaces and Other Pieces*. London: Penguin, 1997.〔塩塚秀一郎訳『さまざまな空間』水声社、2003〕

Perec, Georges. *Tentative d'Épuisement d'un Lieu Parisien*. Paris: Christian Bourgois, 1975.

Perec, Georges. *Things: A Story of the Sixties*. London: Vintage, 1999.

Project for Public Spaces, Inc. *How to Turn a Place Around: A Handbook for Creating Successful Public Spaces*, New York: Project for Public Spaces, Inc., 2000.〔加藤源監訳『オープンスペースを魅力的にする—親しまれる公共空間のためのハンドブック』、学芸出版社、2005〕

Realdania: www.realdania.dk.

Rogers, Richard and Gumuchdjian, Philip. *Cities for a Small Planet*, London: Faber and Faber, 1997.〔野城智也・和田淳・手塚貴晴訳『都市　この小さな惑星の』鹿島出版会、2002〕

Rossi, Aldo. *L'Architettura della città*. Padova: Marsilio 1966; reprinted Macerata: Edizione Quodlibet, 2011.〔大島哲蔵・福田晴虔訳『都市の建築』大龍堂書店、1991〕

Rossi, Aldo. *The Architecture of the City*. Cambridge, MA: MIT Press, 1984.

Sitte, Camillo. *The Art of Building Cities* (Westport, Connecticut: Hyperion Press reprint 1979 of 1945 version). Originally published in German: Camillo Sitte, *Städtebau nach seinen Künstlerischen Grundsätzen*. Vienna: Verlag von Carl Graeser, 1889.〔大石敏雄訳『広場の造形』鹿島出版会、1991〕

Shoval, Noam. "The GPS revolution in spatial research" in *Urbanism on Track. Application of Tracking Technologies in Urbanism*. ed. Jeroen van Schaick og Stefan van der Spek, Delft: Delft University Press 2008, p. 17-23.

Soja, Edward. *Thirdspace: Journeys to Los Angeles and Other Real-and-Imagined Places*. Oxford: Basil Blackwell, 1996.〔加藤政洋訳『第三空間—ポストモダンの空間論的転回』青土社、2005〕

Sommer, Robert. *Personal Space: The Behavioral Basis of Design*. Englewood Cliffs N.J.: Prentice-Hall, 1969.〔穐山貞登訳『人間の空間—デザインの行動的研究』鹿島出版会、1972〕

Southworth, Michael and Ben Joseph, Eran. *Streets and the Shaping of Towns and Cities*, Washington DC: Island Press, 1997.

Space Syntax: www.spacesyntax.com.

van der Spek, Stefan. "Tracking Pedestrians in Historic City Centres Using GPS" in *Street-Level Desires: Discovering the City on Foot*. Ed. F. D. van der Hoeven, M. G. J. Smit og S. C. van der Spek 2008.

Statistics Denmark. *Befolkningen i 150 år (The Population over 150 Years*. In Danish), Copenhagen: Danmarks Statistik, 2000.

Statistiks Denmark. *Danmark i tal 2012 (Statistics Yearbook 2012*. In Danish), Copenhagen: Danmarks Statistik, 2012.

Statistics Denmark. *Nyt fra Danmarks Statistik (Latest Release*. In Danish), no. 168 March, 2012.

Taddeo, Lisa. "The Brightest: 16 Geniuses Who Give Us Hope: Sadik-Khan: Urban Reengineer". *Esquire*, Hearst Digital Media: www.esquire.com/features/brightest-2010/janette-sadik-khan-1210 (04-11-2013).

The Essential William H. Whyte. ed. Albert LaFarge with a preface by Paul Goldberger, New York City: Fordham University Press, 2000.

"The Most Livable City Index." *Monocle* (issues 5 (2007), 15 (2008), 25 (2009), 35 (2010), 45 (2011), 55 (2012) and 65 (2013). London: Winkontent Limited, Southern Print Ltd., 2007-2013.

The Urban Design Reader, ed. Michael Larice og Elizabeth Macdonald. New York: Routledge, 2007.

United Nations. *Our Common Future*. Oxford: Oxford University Press, 1987.〔『地球の未来を守るために』福武書店、1987〕

訳者解題

本書はJan Gehl & Birgitte Svarre, *How to Study Public Life*, Island Press, 2013.の全訳である。ヤン・ゲールは1936年生まれ、長くデンマークの首都コペンハーゲンのデンマーク王立芸術アカデミーの建築学部で公共空間に関する研究、教育に携わり、コンサルタントとしてもコペンハーゲンをはじめメルボルンやニューヨークなどの都市政策に関わってきた。ビアギッテ・スヴァアはゲール・アーキテクツでプロジェクト・マネージャーを務める。

ふたりの執筆分担は明示されていないが、これまでのヤン・ゲールの単著で、邦訳もなされよく読まれてきている*Life Between Buildings*, 1971.（邦題『建物のあいだのアクティビティ』）や、*Cities for People*, 2010.（邦題『人間の街―公共空間のデザイン』）との違いは、1. パブリックライフ研究の歴史的な系譜を整理し、自分自身の仕事をその系譜のなかに位置づけている、2. パブリックライフの具体的な調査手法や調査事例を見開きごとに完結させるレイアウトで整理している点である。ヤン・ゲールの豊かな活動と思索の経験、蓄積が、歴史的にも手法的にも明快に整理されたのは、共著ゆえのことと考えてよいだろう。

ゲールの主著*Life Between Buildings*はすでに20以上の言語に翻訳され、現在も世界中で読み続けられている。都市デザイン史において、モダニズムに対する「歩ける都市」という観点からの強力な批判者としてゲールの評価はすでに固まっている。本書で示されたゲールの自己認識もその点は変わらない。第4章では、パブリックライフ研究に関するおもな文献を紹介するなかに自身の著作も位置づけている（pp.50-51）。本書はそうしたかたちで都市デザイン史に名を残すことになるであろう著者の、半世紀に及ぶ継続的な思考と実践の記録と言えるが、ここではまず、ゲール自身が本書でパブリックライフ研究の第1世代と位置づける1960年代以降の著述や活動にも触れることから、本書の読解の補助線を引いておきたい。

パブリックライフ研究の潮流
――アメリカでの実践

潮流の起点に位置づけられるのはJane Jacobs, *The Death and Life of Great American Cities*, 1961.（邦題『アメリカ大都市の死と生』）である。当時ロバート・モーゼスらによりニューヨークの再開発や、インフラ整備が盛んに行われるなかで、同書はコミュニティの住民や商業者の多様な日常的な生活こそが都市の根幹であり、それを持続可能にする都市整備や運営が必須であるとして「都市の多様性の維持と創出のための4原則」を提唱した。これはパブリックライフの創出と維持の要諦といっても過言ではない。以降のパブリックライフ研究の基本的な考え方はほぼすべてこの著作に含まれているか、ここから展開したものと言えよう。なおジェイン・ジェイコブズはアメリカ近代都市計画の基本とされる用途純化のゾーニングや大規模再開発ばかりでなく、エベネザー・ハワードの田園都市論やクラレンス・ペリーの近隣住区論についても、理想主義にすぎず街や階級を固定化している、都市に多様性を生まないなどと厳しく論じていることは興味深い。

J・ジェイコブズ以降の流れにおいて、カリフォルニア大学バークレー校環境デザイン学部（CED: College of Environmental Design）のクリストファー・アレグザンダー、ドナルド・アプルヤード、アラン・ジェイコブス、ピーター・ボッセルマン、クレア・クーパー・マーカスの5教授が名を連ねており、風土

的にもきわめてリベラルなバークレーがパブリックライフ研究の一大拠点となった。

　C・アレグザンダーの著作 *A Pattern Language*（邦題『パタン・ランゲージ』）は、地域特性を広域レベルから建築レベルまで段階的・連続的に読み解くための手法や例を体系化したものであり、D・アプルヤードはその地域特性の把握と共有化に資するビジュアル・シミュレーション技法の礎を築くとともに、公共空間における人間行動を観察・記録し、街路パターンや自動車交通との関係性解明を図った。P・ボッセルマンはD・アプルヤードの後継者としてアナログからデジタル時代のシミュレーション技法を開発するとともに、都市と建築の空間構成と人間行動の関係性についての研究を進めた。ヤン・ゲールとは旧知の仲で交流も深い。A・ジェイコブスは1960年代後半から70年代中盤にかけてサンフランシスコ市都市計画局長を務めた後、CEDの教授に就任した。その著作 *Looking at Cities* では街を歩きながら詳細に観察することの大切さや楽しみを語り、*Great Streets* では多数の芸術的なドローイングや都市図面、歩行者数等の実測データを用いながら、優れた街路の事例と条件を示した。訳者のひとりである鈴木はCED大学院生としてボッセルマン、A・ジェイコブス両教授から学ぶとともに、ボッセルマン教授の助手としてシミュレーションラボ運営に一部携わる機会を得た。両教授はその手法こそ多少異なるがヒューマンスケール、アイレベルの都市デザインを重視するとともに、人間に向けた暖かいまなざしが共通していた。

　一方ニューヨーク等の東海岸では、J・ジェイコブズと同年代であり影響も与えたW・H・ホワイトや、彼の弟子といえるフレッド・ケントが創設したPPS（Project for Public Space）等が、公共空間のデザインと使い方について多様な調査や分析を行い、人間行動にもとづいた計画手法を示している。

　以上のように、アメリカ東西両岸の都市もパブリックライフ研究の拠点となり、ゲール自身も彼らと交流しながら調査研究から実践へとその活動を展開していった。

調査手法とテクノロジー

　パブリックライフスタディの価値についての著者の主張は、1971年の著作から本書まで、ほぼ一貫している。近年、各地のプロジェクトにおいて実践の成果が現れているが、その主張の浸透についてはまだ不十分と彼らは考えているのであろう。来日時の講演のなかでもゲールらは、「アイレベル」というキーワードを繰り返し用いて観察調査の重要性を説いている。

　ここで彼らが用いる「アイレベル」の含意について考えると、それにはふたつの側面があるように思われる。まずひとつ目は都市を捉えるスケールに関するものである。これまでは、OD交通量調査や土地利用ゾーニングのように俯瞰的な調査や計画検討がほとんどで、人間の感覚や行動にあまり目を向けてこなかったのではないか、人間のスケールでの空間計画手法が大きく欠けていたのではないかという問題意識である。そしてふたつ目は、遠隔的なデータ収集ではなく、「現場において」、「人の目（素朴な方法）で」調査することの大切さの指摘である。

　本書では、現場での調査手法を具体的に紹介するだけでなく、関連する新技術等にも言及していることが、これまでの著書と異なる点のひとつである。新技術によって、ますます俯瞰的になってしまうという危惧、ますます現場から離れてしまうことへの心配からであろうか、新たな調査・分析手法につい

ては、やや冷ややかな取り上げ方をしている。例えば、スペースシンタックスについては、街路ネットワーク分析という一部分に絞って紹介し、アイレベルではないと指摘している（pp.86-87）。しかしスペースシンタックスの手法は実際、アイレベルから俯瞰的な視点までの多層的なスケールを扱うものであり、現場での観察調査とあわせて考察することがほとんどである。そのことはゲールらも十分理解していると思われるが、あえて「現場での観察調査が根幹」と主張するために引き合いに出しているのであろう。それだけ、観察調査の過小評価に対する危機意識が強いのかもしれない。

　都市における調査や分析の手法や技術については、新しい・古い、使える・使えないというように短絡的な評価がなされることがあるがそれは間違いであり、一見プリミティブとも言える観察調査には多くの利点がある。日本人はとくに、データの統計的な有意性や工学的なアプローチを重視するように思われるが、アイレベルの観察調査は、厳密性よりもむしろ最も大切な何かを可視化することが狙いであり、そこに価値がある。捉えにくい場所の特性を理解、共有し、建設的な議論、よいデザインに導くための導火線のような役割が期待されるものである。

　昨今、GPSだけでなく多くの装置やシステムから、人の行動に関する情報収集が可能となっている。スマホのアプリなどの情報サービスと、決済やポイントなどの小売・金融等のサービスが相互につながることによって、場所に紐づけされた行動データが、活用ニーズをはるかに超える量で集められる。これらだけを都市空間デザインのインプットとすることは、ともすると効率はよいが無機質で味気ない場所を生み出すことにならないか。新たな調査手法や解析技術と観察調査は、本来、対立するものではなく、補完的に用いることで新たな知見の獲得をめざすべきであろう。

　どの調査手法が適切か、厳密で正確なデータが必要か、それとも簡易な観察のほうがよいかなど、対象とする場所やプロジェクトの性格に応じて適切に調査や分析を計画することが必要で、それができる専門家の関与が期待される。空間デザインにおいては、多くの異なる専門領域の協働が有効であり、例えばゲール・アーキテクツとスペースシンタックス社は、英国ブリストルなどで協働している。

　その点、日本では、観察調査はまだ一般的とは言えず、また多様な専門家の関与機会も十分でない。ただ、後述するように、新たな潮流も少しずつ見られている。

「人間」が主役の公共空間
──日本でのゲール受容

　訳者らもまた都市整備や公共空間の計画・研究・教育に従事する立場にあるが、ヤン・ゲールの仕事を最初に日本に本格的に紹介したのは、1960年代にコペンハーゲンでの生活を経験した建築家の竹山実である。竹山が制作監修を担った『建築文化』1975年2月号の特集「街路──ストリート・セミオロジー」で、「ヤン・ギェール」の「家と家の間──歩行者の景観」として *Life Between Buildings* の内容が紹介されたのが、ゲールと日本との最初の接点である。竹山はゲールの仕事を「ハードな領域に閉鎖したプランナーとアーキテクトの関心をソフトな領域に開放するとともに、それによって両者の間の失語症化した断絶に新しいコミュニケーションを開通させる作用をはたすだろう」と紹介した。

1970年代は、建築家や都市計画家たちの間で街路や公共空間に関する関心が高まった時期であった。日本では、デザイン・サーヴェイや空間ノーテーションの隆盛を背景として、都市デザイン研究体「日本の広場」（『建築文化』1971年8月号）、早稲田大学武基雄研究室「セミナー道空間」（『都市住宅』1975年4月号）などの雑誌特集、ジョン・J・フルーイン『歩行者の空間』（1974年）、バーナード・ルドルフスキーの『人間のための街路』（1974年）などの翻訳書、上田篤『人間の土地』（1974年）、材野博司『かいわい――日本の都心空間』（1978年）などの著作を通して、都市の近代化路線とは異なる、建築と都市とをつなぐ人間中心の街路論の充実が図られた。実践としても、旭川の買物公園（1972年）や横浜の伊勢崎モール（1978年）など、歩行者中心の街路空間の先進事例が生み出されたのがこの時代である。しかし、ヤン・ゲールの仕事がより広く知られるようになるのは、もう少し後のことである。

　*Life Between Buildings*が『屋外空間の生活とデザイン』という題名で翻訳、出版されたのは1990年である。1970年代が街路論の充実、先進的実践事例の時代であったとすると、1980年代は量より質への転換が全面的に展開され、全国各地で景観整備の名のもとに「アメニティ」を重視し、通常の街路よりも多くの予算をつぎこんだ街路（事業的には「シンボルロード」や「コミュニティ道路」と呼ばれた）が生み出された時代であった。そうした時代に、ヤン・ゲールの仕事が再発見された。訳者の北原理雄は同書のあとがきにて「きれいに整えられたこれらの空間がしらじら（し）く見えたり、借りもののように浮き上がって感じられることが少なくない」と問題意識を綴っている。豊かな広がりを持っていた街路論がハードな景観整備に収斂、狭小化していく潮流に対抗し、「人間」を主役に置いて公共空間のありかたを見つめなおす意図で、ゲールの仕事を世に問うたのである。

　さて、それから20年以上が経過し、再びゲールへの注目が高まってきている。2011年には*Life Between Buildings*の日本語版がより原題に近い『建物のあいだのアクティビティ』に改題され、SD選書の1冊として再刊された。2014年春には最新の単著*Cities for People*の日本語版『人間の街――公共空間のデザイン』が出版された。その年の秋には国土交通省主催でゲールの来日公演会も行われ、数多くの聴衆を集めた。一連のできごとの背景として、ゲールが2000年にゲール・アーキテクツを設立し、コペンハーゲンのみならず、世界各地でのコンサルティングを本格的に展開し、着実に成果を上げてきたという点を指摘しておきたい。一方、日本では人口減少社会の到来、公共事業全般の減少にともない、かつてのように多額の予算をつぎ込んだ公共空間の景観整備は影を潜め、人びとに本当に使われる公共空間をどう生み出すのか、つまり公共空間におけるアクティビティ（それを「パブリックライフ」と呼ぶ）に関心が移った。それはまた、整備からマネジメントへの転換でもある。既存のストックとしての公共空間のコンバージョン、リノベーションを持続可能な運営システムも含めて検討すること、それがこれからの時代の課題である。そのとき、立ち返ることができる場所のひとつとして期待されているのが、半世紀の間、ぶれることなく「人間」中心の都市デザインを探求し続けているゲールの仕事なのであろう。

パブリックライフ学を日本で活用するために

　この翻訳は4人のメンバーによってなされた。訳出作業は1、2、3章を高松、4章を中島、5章を武田、6、7章を鈴木が担当し、それぞれの訳文に全員が目

を通し、相互に意見を出し合いながらブラッシュアップを行った。このプロセスにおいて、訳者が翻訳の精査と同じくらいの熱量を注いだのが、本書が示す「パブリックライフ学」を日本での実践にどのように活用するかという議論である。それは都市の魅力が何によってもたらされ、どのようにかたちづくられるのかといった問いとイコールであると言ってもよい。都市の魅力とは、人が集まって生活することから生み出される歓びにほかならないからだ。

いま、世界でパブリックライフに注目が集まっている背景には、都市の活力や持続性を人びとの生活の質という視点から捉え直そうという認識の広まりがある。日本の多くの都市は、これから急激な人口減少を経験することになる。人口が減ることを都市の衰退につなげないためには、数や量の多さ、機能の拡充や効率のよさばかりを求めてきた社会から、そこに暮らす人々の生活の充実感を高める社会への転換が求められる。地域文化の独自性や個々人のライフスタイルに対応した多様な価値を尊重しつつ、それらを互いに認め、それぞれの良さを高め合うような包容力のある都市をつくりあげていかなくてはならない。本書が示す「パブリックライフ学」とは、日々変わりつづける都市の状況をつぶさに記録することで、そこから新しい生活の価値を見つけ出し、都市の魅力をかたちづくっていくための実践学である。

これまで日本では、都市空間を「整備」することに終始し、「利用」することと結びつけて計画されることは稀であった。その結果、道路では交通機能ばかりが優先され、公園では個人の自由な行動は制限され、規制事項を並べた看板ばかりが目立つようになっている。道路や公園などの公共空間に関する法律は、その空間を「管理」するための規制のルールであって、「運営」するための指針にはなっていない。一方で、近年はこのような不自由さを解消するためにさまざまな挑戦が試みられており、道路空間でのオープンカフェや都市公園での保育所の設置など、複合的な都市生活を結びつけた利用の促進が図られつつある。しかし、手法は多様化してきているが、都市空間がどのようにして生活の魅力や都市の個性を支えていくのかといった根本的な議論はまだまだ充実しているとは言えない。このような施策が単なる対症療法的な取り組みのままでは、本当に魅力的な都市はつくれない。その意味で「パブリックライフ学」は、公共空間を改善するための具体的な解決策というよりは、これから都市が歩んでいくための道標となるような、人びとの生活やその交流の魅力を捉え直すための方法を示すものである。官主導のトップダウンでも民主導のボトムアップでもない、もう一歩先の、専門家と市民の持続可能な協働によってつくられる都市空間とそこでの人々の生活の質の向上を実現するための新しい都市計画学である。

人びとが生き生きと交流する都市は、人口規模や経済状況にかかわらずいつも私たちを魅了する。公共空間に身を置いて、人びとを眺めることを楽しみながら過ごすとき、私たちの心は出会いの期待に満ちている。どんなに豊かな社会や優れた文化も、はじめはそうした小さな交流からはじまるのである。大きな転換が求められているいまの日本の都市こそ、パブリックライフからはじまる都市の可能性を求めるのにふさわしいはずである。

2016年5月　訳者一同

著者

ヤン・ゲール | Jan Gehl
ゲール・アーキテクツ共同創設者、
元デンマーク王立芸術アカデミー建築学部教授
1936年生まれ。デンマーク王立芸術アカデミー建築学部卒業。公共空間に関する教育・研究を行う一方で、コペンハーゲンやシドニー、ニューヨークなどの都市プロジェクトに携わる。デンマーク、英国、米国、カナダの建築家協会およびオーストラリア都市計画協会名誉会員。邦訳書に『建物のあいだのアクティビティ』『人間の街』(いずれも鹿島出版会)。

ビアギッテ・スヴァア | Birgitte Svarre
デンマーク工科大学准教授
ゲール・アーキテクツにて出版部門の統括とリサーチャーを兼務。おもに地方都市の中心部を対象として、文化的・分析的なアプローチで都市空間の研究を行う。コペンハーゲン大学にて現代文化学修士、デンマーク王立芸術アカデミー建築学部にて博士号を取得。多数の大学講師を務める。

訳者

鈴木俊治 | SUZUKI Shunji
アーバンデザイナー、芝浦工業大学教授(環境設計研究室)、
ハーツ環境デザイン代表
1960年生まれ、カリフォルニア大学バークレー校大学院都市地域計画学科修了 (Master of City Planning)。Calthorpe Associatesを経て、2000年にハーツ環境デザイン設立。

高松誠治 | TAKAMATSU Seiji
スペースシンタックス・ジャパン代表
1972年生まれ、東京大学大学院社会基盤工学専攻修士課程修了。ロンドン大学大学院 (The Bartlett, UCL) 先進建築学 (AAS) 修士課程 (MSc) 修了。2002-2006年、Space Syntax社(ロンドン)勤務。2006年にスペースシンタックス・ジャパン設立。

武田重昭 | TAKEDA Shigeaki
大阪府立大学大学院生命環境科学研究科准教授(緑地計画学研究室)
1975年生まれ、UR都市再生機構での屋外空間の計画・設計や兵庫県立人と自然の博物館での地域支援等の実践を経て現職。博士(緑地環境科学)。技術士建設部門(都市及び地方計画)。共著書に『シビックプライド』(宣伝会議、2008年)等。

中島直人 | NAKAJIMA Naoto
東京大学大学院工学系研究科准教授(都市デザイン研究室)
1976年生まれ、2001年東京大学大学院工学系研究科都市工学専攻修士課程修了。慶応義塾大学環境情報学部准教授を経て、2015年より現職。博士(工学)。著書に『都市美運動』(東京大学出版会、2009年)、『都市計画の思想と場所』(東京大学出版会、2018年)等。

翻訳協力

浅海恵里香	鳥井芽依
岩崎弘明	成田和子
髙寺諒平	松浦由布子
徳野みゆき	村尾 駿

パブリックライフ学入門

2016年 7月20日　第1刷発行
2021年 3月20日　第4刷発行

訳者｜鈴木俊治、高松誠治、武田重昭、中島直人

発行者｜坪内文生

発行所｜鹿島出版会
〒104-0028
東京都中央区八重洲2-5-14
電話:03-6202-5200　振替:00160-2-180883

アートディレクション｜加藤賢策（LABORATORIES）
デザイン｜北岡誠吾（LABORATORIES）

印刷・製本｜壮光舎印刷

ISBN 978-4-306-07326-5 C3052
©SUZUKI Shunji, TAKAMATSU Seiji, TAKEDA Shigeaki,
NAKAJIMA Naoto, 2016, Printed in Japan

落丁・乱丁本はお取り替えいたします。
本書の無断複製（コピー）は著作権法上での例外を除き禁じられています。
また、代行業者等に依頼してスキャンやデジタル化することは、
たとえ個人や家庭内の利用を目的とする場合でも著作権法違反です。
本書の内容に関するご意見・ご感想は下記までお寄せ下さい。

URL : http://www.kajima-publishing.co.jp
e-mail : info@kajima-publishing.co.jp

鹿島出版会の出版案内

パブリックライフ学を読む

01｜新版　アメリカ大都市の死と生
ジェイン・ジェイコブズ著、山形浩生訳
四六判・上製・488ページ
定価（本体3,300＋税）
—
都市論のバイブル、待望の全訳なる。
近代都市計画への強烈な批判、都市の多様性の魅力、
都市とは複雑に結びついている有機体である──。
1961年、世界を変えた1冊の全貌。

02｜進化する都市──都市計画運動と市政学への入門
パトリック・ゲデス著、西村一朗訳
四六判・上製・394ページ
定価（本体3,500円＋税）
—
近代都市計画、市政学、環境教育の父の一人と称されるゲデス。
都市調査に基づいた都市・地域計画理論の進展に多大な
影響を与え、市民参加のまちづくりの先駆けとなった
1915年初版の古典的名著が改訂・復刻。

03｜都市　この小さな惑星の
リチャード・ロジャース＋フィリップ・グムチジャン著、
野城智也・和田淳・手塚貴晴訳
B5判変形・並製・196ページ
定価（2,800本体＋税）
—
地球環境時代において、建築家リチャード・ロジャースが、
都市が環境に対してもつ危険性を告発するにとどまらず、
これからの「都市のあるべき未来像＝サステナブルな都市」を
具体的なイメージで提言する。

04｜都市　この小さな国の
リチャード・ロジャース＋アン・パワー共著、
太田浩史・南泰裕・樫原徹・桑田仁訳
B5判変形・並製・324ページ
定価（本体3,200＋税）
—
好評を博した『都市　この小さな惑星の』の続編として、
建築的な観点と社会学的観点を結びつけながら展開する
都市再生論。多くの調査・研究資料をもとに、
主に英国の都市での実践を通して都市の美と価値を訴える。

05｜人間の空間──デザインの行動的研究
ロバート・ソマー著、穐山貞登訳
四六判・上製・300ページ
定価（本体2,700＋税）
—
人間にとって空間はいかにあるべきか──本書は、
人間の生活空間、とくに建築関係の心理学、それも
公共的施設を行動の面からアプローチしたユニークな
試みである。建築・景観・室内デザイナーの必読書。

06｜パタン・ランゲージ　町・建物・施工　環境設計の手引
クリストファー・アレグザンダー著、平田翰那訳
A5判・上製・656ページ
定価（本体9,800＋税）
—
都市計画と建築と建設についての新しい理論を示すもので
あり有機的な環境作りのプロセスを集大成した、いわば
バイブルに類別さるべき大著である。253のパタンと800余の挿図。

07｜時を超えた建設の道
クリストファー・アレグザンダー著、平田翰那訳
A5判・上製・468ページ
定価（本体6,100＋税）
—
『パタン・ランゲージ』と共に、建築と設計に対する新しい
取り組み方を述べた基本となる一冊。大きく3部からなり、
27章に及ぶ。建物や町が時を超えて生き生きと
計画されるために書かれた大著の完訳。

08｜メイキング・ベター・プレイス──場所の質を問う
パッツィ・ヒーリー著、後藤春彦監訳、村上佳代訳
四六判・上製・384ページ
定価（本体3,800円＋税）
—
世界各地でこころみられてきた都市計画・まちづくりの軌跡。
よい良い場所をより善くつくるための場所の質を問う
ガバナンスとは……。

09｜新版　明日の田園都市
エベネザー・ハワード著、山形浩生訳
四六判・上製・292ページ
定価（本体2,400円＋税）

10｜SD選書　建築をめざして
ル・コルビュジエ著、吉阪隆正訳
四六判・並製・216ページ
定価（本体2,000＋税）
—
「住宅は住むための機械だ」。このあまりにも有名な言葉を含む
本書は、ル・コルビュジエの都市・建築に対する新時代の
到来を告げる宣言であり、その問題提起は都市・建築を学ぶ
すべての人々にとって今なお、あまりにも刺激的で示唆的である。

11｜SD選書　広場の造形
カミロ・ジッテ著、大石敏雄訳
四六判・並製・208ページ
定価（本体2,000＋税）
—
人間的・社会的な立場から近代都市計画の見直しを説いた
古典的名著。刊行以来、プランナーはもとより、
広く一般の人々にも愛読された。内容は平明で、
中世ヨーロッパの広場を理解する上での基本図書。

鹿島出版会　〒104-0028　東京都中央区八重洲2-5-14　Tel. 03-6202-5201　Fax. 03-6202-5204　kajima-publishing.co.jp　info@kajima-publishing.co.jp

鹿島出版会の出版案内

ヤン・ゲールの本

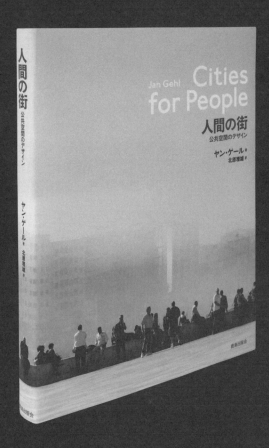

人間の街
──公共空間のデザイン

北原理雄訳
B5判・並製・276ページ
定価（本体3,200円＋税）

街の主役は人。
私たちが街をつくり、
街が私たちをつくる。

人間的スケールの
「生き生きした、安全で、持続可能で、
健康的な街」を取り戻すには──。
実践に裏づけられた公共空間デザイン論。

SD選書
建物のあいだの
アクティビティ

北原理雄訳
四六判・並製・288ページ
定価（本体2,400円＋税）

街に生き生きとした
ふれあいを育てる
屋外空間の条件とは。

人々の日常の活動に焦点を当て、
都市のスケールから街角のディテールまで、
きめ細かく論じる。

鹿島出版会　〒104-0028　東京都中央区八重洲2-5-14　Tel. 03-6202-5201　Fax. 03-6202-5204　kajima-publishing.co.jp　info@kajima-publishing.co.jp